怕，你就输一辈子

【美】奥里森·马登◎著

静涛◎编译

江西人民出版社
Jiangxi People's Publishing House
全国百佳出版社

图书在版编目（CIP）数据

怕，你就输一辈子 / （美）奥里森·马登著；静涛
编译. -- 南昌 ：江西人民出版社，2017.7

ISBN 978-7-210-09352-7

Ⅰ. ①怕… Ⅱ. ①奥… ②静… Ⅲ. ①成功心理－通
俗读物 Ⅳ. ①B848.4-49

中国版本图书馆CIP数据核字(2017)第082592号

怕，你就输一辈子

（美）奥里森·马登 / 著

静涛 / 编译

责任编辑 / 冯雪松　钱浩

出版发行 / 江西人民出版社

印刷 / 保定市西城胶印有限公司

版次 / 2017年7月第1版

2017年7月第1次印刷

880毫米×1280毫米　1/32　7印张

字数 / 120千字

ISBN 978-7-210-09352-7

定价 / 26.80元

赣版权登字-01-2017-316

如有质量问题，请寄回印厂调换。联系电话：010-64926437

前言
Preface

　　奥里森·马登（Orison Marden，1848—1924），美国成功学的奠基人，全世界影响最大的励志导师之一。他所著写的作品流传全世界，改变了无数人的命运。无论是当时的美国总统艾森豪威尔、尼克松、卡特、布什等，还是洛克菲勒、索罗斯、比尔·盖茨等商业巨子在提到他们的成就时，都感谢奥里森·马登对他们的影响。

　　美国记者、著名书评家门肯曾在20世纪70年代的时候说，"其中，至少300万册不是用英语出版，而是用另外25种语言……直到今天，在欧洲，马登仍然是最受欢迎的美国作家……在西班牙、波兰和捷克斯洛伐克的偏远小镇，某些地方是连马克·吐温和杰克·伦敦都不曾到过的地方，我亲眼看到他的译本被放上书架。马登简直就是美国文学的旗帜……"

难能可贵的是，奥里森·马登用他一生的经历证明了财富可以通过追求而获得，以及成功离每个人都不遥远。并且他以一种无私的情怀，把他之所以能够成功富有的道理，分享给后世的人们，被后人尊崇为"成功学大师"。我们根据他的"不要给自己留退路""激发自己的潜能""锻造一生的资本""脱离贫困境地的秘诀"等经典理论，结合他的其他著作，精心编译了这本《怕，你就输一辈子》，以期告诉读者"一个人一生中唯一的限制就是他内心的那个限制"。要克服自卑，不要自己限制自己；要加强自己的能力锻炼，很多时候并不是世界不公平，而是你的能力不足，梦想太过远大；无论什么时候，不要自己先认输，怕的人才会输一辈子，不怕就总会有机会获得成功；要让自己变得热情洋溢，只有热情的商家才会有更多顾客，也只有热情的人才能够取得更大的成功；如果一个人心里被杂念、欲望所控制，那么这个人离倒霉就不远了；更重要的是，无论如何不能屈服于命运，不能让悲观控制自己，唯有乐观的人才能领略到人生高峰的美景。

我们相信，无论是哪一个渴望成功的人，都能够从奥里森·马登的书中找到不怕的勇气，找到敢于成功的信念，找到拼命奋斗的干劲。

目录
Contents

第一章

克服自卑，树立必胜的信念

自卑的人一般来说是不够强大的人，是弱者。对于弱者来说，理想是不可思议的，也是无法达到的。懦弱会使人变得自私而又胆小。要是你让软弱、绝望的情绪滋长的话，那么你就会无病呻吟，甚至灰心丧气。

　　你越觉得困难，你的思想就越应该强大，不向懦弱的思想妥协。人有时会出现体力完全耗尽的情况，但人的精神力量是无穷无尽的，它可以激发新的体力，让人们克服困难，并在这一过程中变得更加坚强。

>>> 没有人是完美的，你要做真正的自己

很多人在进入社会之前非常诚实，可是进入社会之后，各种各样的物质诱惑让他们无法抵挡，所以他们就发生了相当大的变化，开始不诚实起来。他们开始变得虚伪、说谎。他们就像那些劣质工程，表面看起来非常不错，但内部却是另外一回事。我们称他们为"表里不一"。

有很多人总是隐藏起自己的缺点，只把自己的优点展示给别人。长期如此，他们就会变得越来越虚假。他们把最名贵的家具都摆在家里显眼的位置，如果有客人来家里拜访，就能够轻易地看见。而那些破破烂烂的家具，被他们放在里间，根本不让人看到。这两种做法都是"表里不一"的典型做法。活得不真实的人，意志会慢慢消沉下去。这是渴望成功的人士坚决不能做的事情。

美国有位资深的评论家说："当前的社会谎言遍地，越来越难见到真实。市场上大量出现冒牌商品，政客们终日以谎言

粉饰太平，名人们时刻以假面具示人。"英国诗人罗伯特·骚塞说："人们总是在看清本质之前，就已下了结论。"英国画家卢西恩·弗洛伊德则举了一个例子："一座雪白优美的大理石雕塑，其内部却填满了垃圾，表象与真实的反差竟可以如此之大！"

当然了，在这个世界上，没有人是完美的。我们每个人都有自己的缺陷，它们就像疤痕一样无法掩饰。我们总想将最好的自己展示出来，给别人留下好印象，可我们的本质并不会因此发生改变。

朗费罗认为世间最恐怖的莫过于那些表面良善、内心恶毒的人。正如修道院的门窗玻璃上所画的画，里面画着维纳斯，外面画着圣母玛利亚。霍尔博士在提到一名表里不一的苏格兰人时，说："他一边唱着'为表我的诚意，我愿将全世界奉上'，一边却攥紧了钱包，一个子儿也不愿拿出来投进捐款箱中。"

盖吉说："有个商人，因为生意繁忙，所以每次要做礼拜时，他就会在柜台上摆一本《圣经》，制造出虔诚的假象。这类人有很多很多，例如不少享有盛名的人，实际上却是道德败坏的沽名钓誉之徒。就连植物也经常以假象欺骗人们，佛罗里达美丽出众的玫瑰，竟发不出丁点香气，漂亮的天堂鸟竟不识鸣唱，闻名遐迩的希腊柏树根本不会结果。"

阿诺德以撰写英雄故事闻名于世，但他自己却与英雄有着天壤之别。一面宣扬爱国，一面密谋叛国，这就是阿诺德的真面目。人们起初被他的故事蒙蔽了，为故事主角强烈的爱国之心深深动容。直到后来，阿诺德欲向英国出卖祖国的行径被人揭露出来，他的读者们才终于恍然大悟。阿诺德的朋友艾伦·波尔也是一样，光鲜美好的外表之下，隐藏着不为人知的可耻嘴脸。

李文斯顿博士来到非洲，发现有些部落的人从来不知镜子为何物。生平第一次看到镜中的自己，这些人全都大吃一惊："这个丑陋的家伙是谁？""这个人就是我吗？为什么跟其他人一点也不像？""噢，怎么会有这么奇怪的鼻子？"他们从未发现过真相，忽有一日，真相摆在面前时，便觉得难以置信。

有人说，一个能劝服陪审团相信被告无罪的律师无所不能。要做到这一点，律师首先要说服自己相信被告无罪，如若不然，随时随地都有可能露出心虚的破绽。说谎绝非易事，稍有不慎便会被人看穿。一名瑞典科学家对神学家斯威登堡说：

"对于某些观点，有些人自己都不相信，却千方百计地试图说服别人相信，其结果如何不言而喻。"

别人对我们的评价到底是怎样的？对此，很多人都很好奇，可是一旦真相揭露出来，我们之中的大部分都会为别人对自己的评价感到异常的吃惊与失望。别人的否定与批评，在我们看来难以接受。可实际上，这只是正常现象，就算我们自己也经常在心底深处暗自评价别人。我们会努力改正自己的不足，以求为别人留下好印象。可是，真正的我们是什么样子的，只有自己才最清楚。

>>> 梦想就是，怀抱希望坚持到底的结果

　　追逐梦想的过程如同在跑马拉松，我们看不到终点，只能看清脚下的路。此时我们看不到前进的方向，天上的星星帮不上我们，手中的灯笼也只能照亮脚下的一小块路。我们别无选择，只能永不言弃、不畏艰辛地坚持跑下去。我们每跑一步，就会离终点更近一点，只要不放弃，总会到达终点的。这种希望之火就像手中的灯笼一样永远照耀着我们，使我们无惧前路的曲折与艰难。所以，我们一旦确立了目标就应全力以赴、坚定不移地走下去。我们要勇敢地面对这条荆棘丛生、布满石块与陷阱的曲折道路，直至取得最后的成功。那些遇到困难就退缩的人，即使成功近在眼前也会与它失之交臂。我们要勇往直前地向成功迈进，停滞不前只会使之前的一切努力都付诸东流，因为我们的精力毕竟是有限的。

　　在通往成功的道路上，时不时都会有新的问题出现，所以我们不可能一次将它们全部解决掉。千里之行，始于足下，

我们不要好高骛远，应该一步一个脚印，踏踏实实地过好每一天。如果我们总是光想不行动并且一会儿一个念头的话，最终将一事无成。我们在做事情的时候要本着一种务实的精神，稳步向前发展，即使慢一点也无所谓，反而更容易创造辉煌的成就。因为在这个过程中，我们的精神状态变得更加饱满，我们的斗志也变得更加昂扬。我们想要实现自身理想、陶冶情操、磨砺意志、拓宽视野、激活思维能力，都需要持之以恒、乐观积极地去奋斗。

人的言行举止都会在无意间暴露出他的生活态度及目标，这是人内心的真实写照。我们可以通过一些琐事看出一个人的气度和涵养来，而他的人生方向也将从他对待生活的态度上体现出来。生活会因为有梦想而变得有趣，虽然追寻梦想的道路十分艰苦，但我们也必须始终怀着希望。

尼罗河战役发生的前一天，在纳尔逊描述完自己的战略方案后，巴里上尉兴冲冲地问："要是我们胜利了，人们会给我们怎样的评价呢？"

纳尔逊说："在战场上什么情况都有可能发生，所以在这种时候，做任何假设都是毫无意义的。我们的军队毫无疑问会是胜利的一方，但是谁能自残酷的战争中存活下来，将自己经历一切讲述给旁人听，现在还是未知之数。"

听了这话，军官们都站起身来，自会议室返回了自己的军舰。纳尔逊在他们身后，又补充道："明日此时，我要么已取得了在维斯敏思特大教堂的墓地中安寝的殊荣，要么已获得了高尚的贵族头衔。"他的双眼目光如炬，当所有人都在为失败担忧时，他的内心却被必胜的信念充斥得满满的。

拿破仑派出一些工程师前去探索一条能穿越阿尔卑斯山的路。当工程师们返回时，拿破仑指着这条路问他们："从这条路直接穿过去可行吗？"他们含混地回答道："也不是完全不可行。"对于他们的画外音，拿破仑并未在意，当机立断地说道："那我们马上前进！"他虽然长得并不高大，说出来的话却字字千钧，全然不理会工程师们的暗示：从这条路穿越阿尔卑斯山势必凶险重重。

当拿破仑想从这条路穿越阿尔卑斯山的消息传来时，英国人与奥地利人都忍不住鄙夷地冷笑起来。那是个"过去从来没有，以后也必将不会有车轮碾压过的地方"。他们倒要看看带领着7万大军，拖着沉重的大炮、弹药，以及其他战略储备的拿破仑到底要如何越过那片不毛之地！

拿破仑麾下的马赛纳将军受困于热那亚，军队粮草殆尽。

奥地利人本以为自己已是胜券在握，哪曾想拿破仑竟会突然带着军队赶至，令他们措手不及。就算是阿尔卑斯山也吓不倒伟大的拿破仑，他率领着大军成功翻越了这座高山，最终取得了这场战争的胜利。

人们总喜欢在一件先前几乎被所有人断定不可能发生的事件成真时，跳出来说这件事早该做成功了。那些先前在这件事上栽跟头的人则会努力帮自己的失败寻找托辞。为了粉饰自己在困难面前的懦夫形象，他们不惜将困难无限夸大，以证实并非自己懦弱，而是任何人遇上那样的困难都会无能为力。与拿破仑相比，很多将领缺少的只是坚持到底的勇气与信念，而非其他硬件装备，诸如穿越高山必备的工具，擅长在山路中行走的士兵，作战中所需的武器装备等。当面对旁人难以想象的困难时，拿破仑选择了迎难而上。他对胜利有着强烈的渴望，这种渴望促使他就算没有机会，也要为自己创造机会，并抓紧这难得的机会赢取辉煌的胜利。

对人们而言，希望远比梦想的价值大得多。希望也是想象的一种，但是它往往预示着未来，具有很大的实现可能。因为希望产生的基础正是现实，它是想象没错，却是最合理的想象。当你身陷茫然，意志薄弱，找不到人生的价值所在时，希望会给你指明道路，让你坚定信念，意志坚定地奋斗下去。

无论如何，人们都应该保持希望。只要紧握一线光明的希望，便可以在茫茫暗夜之中坚持到底，最终找到光明的所在。

有了希望，才能将人们的潜能释放出来，才能激起人们的斗志，为实现自己的人生目标不断奋斗，最终达到自己的期望，将梦想真正变为现实。

要是南方与北方的冬天一样寒冷，那么候鸟当然不会生出到南方过冬的希望。人类之所以会产生希望，不断朝着更远大的理想进发，原因无非是对现状不满意，期待能通过自己的努力，赢得更加美好的未来。每个人都希望生活得更好，没有人希望自己的境况越来越糟糕。每个人都希望能充分发挥自己的才能，实现自己的人生价值，令自己一生无憾。

希望要切合实际才有可能变为现实，因而人们在确立希望时一定要把握好度。不要让希望沦为不合常理的空想。所有人都要珍视希望，才能最终将其变为现实。

人们之所以生存在这个世上，完全是因为理想的支撑。一个人的生命究竟有何价值，透过他的人生理想即可获得深入了解。

要想意志坚定，必须要有希望做向导。只有这样，才能最终让思想稳定下来，坚如磐石。因而，远大的人生理想对所有人而言都是必不可少的。当一个人有了明确的希望和目标，他的思想就再也不会受到恶劣环境的侵蚀，他便可以义无反顾地奋斗到底。

希望最终往往会变为现实。只要人们能通过合适的途径，发挥自己的才能，不管有什么样的希望，诸如想拥有高尚的灵魂，健康的身体，巨大的财富，高高在上的权位，等等，统统都可以实现。希望能赐予人们强烈的进取心，最大限度地释放人们的潜能，让人们能斗志高昂，不惧艰难，坚持不懈地奋斗到底，最终取得意想不到的巨大成功。

人们只要紧紧握住希望之光，矢志不渝地付出努力，便一定可以成为最后的成功者。那些不重视希望的人，往往会错失很多成功的良机，最后的结局往往是庸庸碌碌，一生无所作为。

如果将人的一生比做修建一幢大厦，那么必须要在动工之前，确立可以将其修建成功的希望。这种希望无疑会在修建的过程中发挥重要的作用。工程师往往会在大厦动工前就已经将建筑蓝图描绘好。而成功人士总会在开始行动之前，就充满了对成功的希望。

当然，计划制订好以后，更重要的是付诸行动。如果在行动的过程中松弛懈怠，那么再好的计划也没有实现的可能。这就好比建造一幢大厦，工程师设计的蓝图再好，不开工建设也是白费。

在通往成功的道路上，我们要奋勇向前，坚持到底。只有这样，令人忧虑的结局才永远都不会发生，而我们也能在这个过程中培养优秀的品格。

每个人都应让自己的内心充满希望，只有这样，才能拥有坚持到底的动力，才有可能最终实现这些理想。

>>> 无论做什么事，都要树立必胜的信念

无论做什么事，都要有这样的信念：我一定会成功！一个对自己的能力完全不确定，满心惶恐的驯兽员是不可能成功的。要想成为一名成功的驯兽员，必须要树立这样的信念："若是连我都驯服不了这些野兽，那就没有人能驯服它们了！不用怀疑，我一定可以成功！"驯服野兽绝非易事，但只要有了必胜的信念，再困难的事也会变得简单。

无数事实向我们证明，只有坚定信念，才能获得成功。一个人的勇敢自信，会在眼神中表露无遗。我们一定要战胜自己眼神中的畏怯，坚定自己内心的信念。成功之路艰难坎坷，稍有不慎便会造成不可预计的后果。在这种情况下，没有必胜的信念，不相信自己一定能成功的人，必然走向失败。目标的达成必须要有决心，这一点不管对什么人都同样适用。

一名商人，若是对自己总持怀疑态度，成功便会自动远离他，那么他如何在商业领域建功立业？要想功成名就，必须具

备一个首要条件，那就是必胜的信念。任何事在开始之前结局就已基本确定了：你怀有什么样的信念，便会得到什么样的结果。做事之前要考虑清楚，就如设计好图案之后才能开始织布一样。我们行进的方向由信念指引，而最终将我们引向成功的则是必胜的信念。

那些对未来完全没有信心的人，在行动之前就已经失败了。在这个世界上，穷人占据了大多数，或许你就是那大多数中的一员。若你还在为此愁眉不展，无计可施，那么将来等待你的依然会是贫穷，不会有任何改善。一个学生，若对自己升学的能力毫无信心，在应该埋头苦读的时间，他却在抱怨重重，那等待他的结局必然是升学失败。一个年轻人，若在失业后便陷入了胆怯怀疑的误区，完全不再信任自己的工作能力，那他便很难再找到一份好工作。

一个连自己都看不起的人，如何能叫别人看得起？又如何能有勇气、有毅力追求自己的事业？人们总说对自己评价过高的人惹人反感，殊不知对自己评价过低的人更遭人憎恶。我从未见过一个自我评价极低的成功者。因为人的自我期望与成就是成正比的，期望值越高，相应的成就也就越大。一个根本看不起自己的人，其自我期望值如此之低，又怎能成就一番大事业？

若认定自己是个平凡的人，你的表现绝对不会出众。自我感觉欠佳者，其大部分潜力都将得不到开发。人应该客观地评价自己，制定合理的奋斗目标，唯有这样才能得到自己应有的成就。

最可悲的是，很多人在孩童时代，就已丧失了必胜的信念。家长和老师或明显或隐晦地告诉他们，由于他们才能匮乏，日后定然难有所成。这种行为的恶劣程度比起犯罪有过之而无不及，因为它将孩子对未来的信念与勇气毁之殆尽。孩子们学到知识的多寡并不是最关键的，最关键的是他们对人生树立了怎样的态度，这一点极少有家长或老师能够明白。

我认识一些人，他们都立志要功成名就，其中有人的理想是做医生，有人的理想是做生意，还有的人想做律师。可惜，他们最终都没有实现自己的理想，原因就是不具备必胜的信念，在小小的挫折面前就信心尽失，自动缴械投降。成功从来不属于这样的人。

我也认识一些与之截然相反的人，他们对工作热情洋溢，对未来充满信心。他们立志成功，便不会因为任何挫折而产生动摇。坚定的信念仿佛成为一种器官，牢牢生长在他们体内。

人们要在工作生活中投入百分百的热忱，失去了热忱，也就意味着失去了灵活的思维与坚定的意志，失去了追求成功的意念，最终失去了人生的所有快乐。因而，不管周围的环境多么糟糕，人们都应时刻保持热忱。

信念坚定是所有成功者的共同特征。他们似乎天生就要与成功结缘，失败从来不会成为他们思考的问题。他们所持有的坚定信念，永远不会因为别人的怀疑与轻视发生动摇。这一点对于他们至关重要。只要有胜利的把握，他们便会毫不犹豫地展开行动，追求成功。他们身上具备的成功者的潜能，使得他们在生活中颇具领袖之风，面对任何情况都能处理得当，游刃有余。这对其身边人的生活也将产生巨大影响。

人们的潜能会因强大的信念而得到最大限度的发挥，信念能够创造奇迹。成功者必定信念坚定，而失败者之所以会走向失败，信念不足便是主要原因。在挑战面前，失败者没有必胜的信念迎难而上，只会一味畏惧退缩，让成功距离自己越来越远。

要想令人记忆深刻，就必须展露出强者的姿态。终日满怀犹疑与怯懦，是失败者才有的姿态。持有必胜信念的人，其自信会从心底散发出来。有的人尽管心里完全没底，却还要假装自信满满，结果被人轻而易举就看穿了。真正信念坚定的人，拥有令人绝对信服的气场，甚至叫人宁可不信服自己，也要信服他们。

赢得别人的肯定与支持，是每个人在工作过程中都会产生的欲求。人们希望所有人都能认同自己的计划，并据此展开各项工作。例如，医生想得到病人的倚赖，律师想得到客户的信任。然而，这种希望的达成需要有坚定的信念作支撑。如果他们对自己都没有信心，不相信自己可以做好这份工作，又如何能奢望别人给自己这样的评价呢？我们并没有太多时间可以浪费，想要成功的话，从这一刻开始就要坚定信念，付诸行动。假若一直迟迟疑疑，瞻前顾后，只能错失成功良机，日后悔之晚矣。

若现状不能叫你满意，便要马上行动起来改善这种状况。与众不同的成就，源自与众不同的信念。不要让各种杂念侵蚀了你的意志，坚定地朝着自己的预定方向行进，成功就在前方。

若几个人才能相当，最先成功的必定是信念最为坚定，敢想敢做的那一个。没有必胜的信念，对自己的才能明显缺乏自信，这样的人如何能取得成功？只要有信念，黑夜绝不会统治我们的一生，黎明的到来只是迟早的问题。成功的道路迂回曲折，走到最后终点的只会是那些怀有必胜信念的、永不言败之人。古往今来成就非凡者，无论遇到怎样的困难，都不会对自己的能力产生半分怀疑。信念动摇，信心尽失，无数人因此在成功大道上半途而废，试问天下间还有什么比这更悲哀的呢？

成功者必须具备这样的素质：坚定信念，无论在何种情况下都毫不动摇。人类社会之所以能发展到今天，信念的巨大推动力不可小觑。成功的道路上磨难无数，信念稍有动摇便会半途而废。怀有必胜信念之人，对未来的成功自信满满，所以他们能够在磨难面前镇定自若，从容应对。成功最好的拍档便是这种信念，唯有它能够支撑人们时时刻刻保持旺盛的斗志，奋勇拼搏，坚持不懈。所以，不管眼下的情况多么糟糕，未来看起来多么黑暗，我们都要保持必胜的信念，勇敢坚定地走下去。成功人士的一个共同点就是，无论何时何地，他们都能保持坚定的信念和旺盛的斗志。这种精神最终将他们推向成功的高峰，高高在上俯视下面随波逐流、碌碌无为的人群。

立志成功之人，会满怀信心地朝着目标奋进，无论结果怎样，都会勇敢面对。他们相信人定胜天，路是人走出来的。他们唯一的目标便是"成功"，愿意为此付出一切。他们笃信自主创新，前人走过的路，他们断然不会再走。当机立断是他们的一贯风格，一旦定好行动计划，旋即付诸实践。在他们眼中，所有前进道路上的坎坷艰难，只是试炼，而非障碍。当一个人做到了这些，毫无疑问，成功必将是属于他的。

美国很多伟大的人物都是如此，林肯、华盛顿、格兰特，等等，无一例外。每个人都应该阅读一下他们的传记，让他们伟大的精神感染自己，指导自己前进的方向。

成功需要果敢、坚定、必胜的信念。没有果敢、坚定、必胜的信念，便不会有坚持到底的意念，成功也就无从谈起。因而，为了最终赢得成功，我们必须时刻保持旺盛的斗志和必胜的信念，义无反顾地勇往直前。

>>> 要得到成功，要有强大的自信心

有一位公司董事长，他的能力很强，但是言谈举止畏畏缩缩，似乎对自己的能力非常欠缺信心。许多人因此提出疑问，认为他的才能达不到职位的要求。这为他造成了很大的困扰：为什么自己身居董事长高位却完全不能服众？甚至连下属最基本的尊重都得不到？可惜，他并没有找到问题的症结，反而更加动摇了自信心，导致自己在公司的地位每况愈下。

对任何人而言，自我贬低都是不可取的。成功永远不会眷顾那些自认为百无是处、运气欠佳、愚不可及、处处不如人的自卑者。内心的想法决定行动，一个人从心底认定了自己失败者的身份，如何能在行动中扭转败势？又如何能让别人相信自己可以成功？

自信的缺失是很多人失败的根源，可惜当他们参透这一点时，往往已垂垂老矣，悔之晚矣。要想保持强大的自信心，就不该把夸大自己即将面临的困难。另外，也不要让自己陷入低

落的情绪，无法自拔。因为这样会对自信心造成很大的影响，抑制人们才能的发挥，要切忌在这种时刻作出重大决定。

成功永远不会降临到那些消极的人身上。懦弱者之所以会失败，才能不足绝不是主要原因，自信缺乏才是最关键的。

何苦要随波逐流？何苦要畏缩不前？人人都可以成功，只要鼓足勇气，认清自己，坚定信心，没有人不可以反败为胜。不管遇到什么情况，我们都应保持强大的自信，将自己的能力尽情发挥出来，坚定不移地朝着最终目标迈进。

树立强大的自信心会令一个人的才能得到迅速提升，对他的成功大有帮助。所有成功人士在工作中无一例外都是积极努力的，他们怀有强大的自信心，不管现实有多令人失望，前景有多渺茫，这份自信都不会动摇。正是这样的自信让他们终于得偿所愿，获得成功。

自信是成功的最关键因素，指引着成功者前进的道路。自信可以让我们对未来有更明确的目标，并对目标的实现发挥巨大的推动作用。自信之人必将成功，这一点无需质疑。

自信可以帮助我们积极面对眼前的困难，对未来充满希望。一个人如果拥有了超人的自信，那么任何恶劣的环境都不能阻挠他对成功的追求。在现实生活中，人们关注的总是成功者身上耀眼的光环，而在这光环背后有着怎样惊人的付出却往往无人问及。若没有了强大的自信支撑，没有人能够忍受成功道路上的重重磨难，可以说失去了自信也就意味着失去了成功的可能。

自信先于行动。一般人察觉不到的东西，自信之人却可以看得一清二楚。自信就像一名引路人，指引着我们一步步迈向成功。

年轻人要想成功，必须先要去除对自己前景的疑虑，满怀信心上路。自信对任何人而言都是平等的，只要你愿意，便可以拥有它。出身贫寒之人，只要拥有了自信，便可以摆脱由出身带来的桎梏，获得一般人难以企及的成就。才华出众的人也需要强大的自信，因为如果不能相信自己的能力，再出众的才华也是枉然，难以走向成功。可以说，一个人日后的成就有多大，基本取决于他自信心的强弱——功成名就者绝对不会是那些缺乏自信的人。

自信匮乏者就好比少了舵的船，在人生旅途上方向错乱，一事无成。由于缺少战胜困难的勇气而选择屈服，这样的人永远都只能扮演可有可无的小角色。所以，认定自己是个失败者，是最糟糕的事情。事实上，只要你付出足够的代价，就会得到相应的成就，命运其实是很公平的。我们要坚定信念，绝不能被失败的思想控制。我们要怀有必胜的信心，无论遇到多少失败与坎坷，都不能轻言放弃。只有这样，才能将命运掌控在自己手中。因为，一个对成功极度渴望的人，才能最终赢得自己想要的未来。强大的自信心会帮他们唤醒体内无限的潜能，借助这种能量达成自己的目标。

有的人之所以会做事犹豫不决，原因就是缺乏自信。这会严重损害人们的精神品格。这类人自信心严重匮乏，责任对他们而言是无法承受的重负，因而，独立作出重大决定，对他们而言几乎是不可能的，除非到了万不得已的时刻。

在现实生活中，这类人到处可见。他们往往整天精神委靡，自信尽失，万念俱灰，面无表情，动作迟缓，消极怠工，等等。从表面上看，他们就像抽掉了筋骨一样毫无生气，一阵风就能把他吹倒。要想让这种人重振精神，绝非易事。想要成功的人，应当在别人心目中树立良好的形象。显然，这一点是那些精神委靡、做事犹豫的人做不到的。这类人要想得到别人的肯定，为自己争取到更多的机会，同样是不可能的。

能取得人们的认可与信任的，一定是那些自信满满、做事果决的人，他们更容易赢得成功的机会，也更有能力取得最终的成功。一个人若缺乏意志，胆小懦弱，遇事只懂逃避，那他所讲的话便不会有任何说服力。这种人没有成功的自信，也绝不存在成功的可能。年轻人一定要注意远离这种人，因为精神委靡就像传染病一样会四处蔓延。它会严重损害人们的工作生活，就算日后能够重新振作起来，但已经造成的损失永难弥补。

不要再随波逐流了，想要什么，就勇敢地追求吧。只要我们有信心，无论什么样的目标都能达成。成功并不困难，我们只需做到自信努力便已足够。面对未卜的前程，艰难的现状，匮乏的自信，我们要通过对自己的肯定重拾信心。自信承载的是成功的希望，只有它才能支撑人们在前景一片渺茫之际，信念坚定地走到最后。

不管钢板多么厚实坚固，只要炮弹的速度够快，就能将其射穿。同样，不管通往成功的道路多么坎坷，只要有足够的信心，就能走到成功的终点。困难面前，满怀信心者绝不会临阵退缩。

人生旅途漫漫，任何人都有东山再起的机会。真正的失败，是你认定自己是个失败者，从此自信尽失，斗志全无。这就是很多才华出众者却一生碌碌无为的原因。在做事之前或做事的过程中，想得太多并不是好事，因为这样会使你变得自信不足，疑虑重重。失败是很痛苦，但是自信会帮助我们熬过这段痛苦期，继续前行。

一个自信的人绝不会放任自己深陷失败的深渊，不管要付出怎样的代价，他都会让自己站起身来继续战斗。当你陷入失败的沼泽难以脱身时，更需要有坚定的信心，因为只有它才能让你重新看到光明的未来，重塑信心，再次踏上胜利的征程。

我们要永远保持信心，不管是对自己，还是对别人，都应该信心满满。信心是我们前进道路上的领路人，并赐予了我们坚定的意志、强大的力量以及优秀的品格。一个人的自信心越强，就越能赢得别人的信任。

许多人羡慕菲利普斯·布鲁克斯超凡的记忆力，甚至有人因此而崇拜他。他做任何事都是一副精力旺盛、胸有成竹的样子。因为他秉持着这样一种信念，即绝对不质疑自身的能力。他的榜样力量激起了年轻人的雄心壮志，促使他们充分发挥自身潜能，以一种一往无前的精神去实现曾经遥不可及的梦想。对于那些蕴藏无穷潜力、理该放开手脚大有一番作为的人，布鲁克斯警告他们千万不要畏畏缩缩、甘于平庸，这将是可悲又可恨的。

能够制定恰当的目标，又具备强大自信之人，方能取得成功。这种人是上帝的宠儿，他们是永远的成功者，任何困难在他们看来都不堪一击，任何失败都会被他们狠狠踩踏在脚底下。

成功者对于自己的成功深信不疑，在这种自信的思想指引下，他们在事业的战场上战无不胜。有种无坚不摧的力量潜藏在他们的信念之中，拿破仑横扫欧洲就是依靠这样的力量。成功的实现，必须要有必胜的信心。

每个人都要对自己有信心，无论别人给自己的评价多么低，都不能动摇自己的信心。因为，怀疑自己也就是切断了通往成功的大路。想要得到什么，就暗示自己什么；想要得到成功，就要有绝对的自信给自己成功的暗示。

>>> 自我暗示力，促进你走向最终的成功

成功的机会是靠自己争取的，只要鼓足勇气，坚持不懈地努力下去，就可以为自己争取到成功的良机，做自己命运的主宰者。可惜，很多人并不相信这一点。他们盲目认定，人人都被不可抗拒的命运控制，命中注定有些人是成功者，有些人是失败者，无论人们怎样发挥主观能动性，都无法改写自己的命运。失败者通常都抱有这样的心态：自己并不是幸运者，根本没有成功的机会。这是一种多么无知的念头啊！世间最可悲的莫过于对命运毫不反抗，屈服到底。这种自暴自弃的做法最终将毁灭人的灵魂。若是他们能及时纠正自己的思想偏差，积极乐观地去追求事业，便不会被失败的阴影笼罩一生。心理上认定自己成功的人才有机会功成名就，否则，便将这种机会永远阻隔在了门外。

将自己视为天生的失败者，无异于对成功关闭了大门。这种人心里想的永远都是失败以及失败以后会怎样，他们就如被

采摘下来的花，在很短的时间内就耗光了生命的全部能量。一个人的思想若被失败的预感占据得满满当当，他的行动自然而然就会向失败靠拢。失败的思想，最终必将造就失败的结局。在现实中，这种失败者随处可见。他们好逸恶劳，却将自己的失败归咎于运气欠佳。他们从来不曾认真思考过这样一个问题：很多成功者的条件与自己相当，甚至比自己更加恶劣，为什么两者之间的成就却有着天壤之别？

成功从来不是幸运和偶然事件，而是由积极自信的心态决定的。拥有自信的人，即使没有出众的才能，也能取得一定的成就。这就是为什么有许多资质平平的人，其成就却高于那些才智出众的人。人们失败的原因，在很多情况下都是因为心态出现了偏差，与才能并无关联。也就是说，阻挠我们走向成功的关键因素往往是心态而非能力，拥有成功的心态对人们至关重要。想要成功，先要让自己向成功者的形象靠拢，无论是外表还是内在。如果能够这样坚持下去，成功只是一个迟早的问题。

你将来的形象，一定是由你的现在决定的。若是你立志做英雄，那么只有从现在开始培养自己大无畏的英雄气概，才有最终实现理想的可能。假如你是一个胆怯羞涩的人，要改变这种现状，就必须让自己坚定信念，相信自己是一个勇敢的人。不要给自己任何动摇信念的机会，无论何时何地何种情况，都需昂首挺胸，勇往直前。假如一个人能在恰当的场合与时间展露出自己成功者的一面，那么不管他多么胆怯羞涩，都有获得自信、赢取成功的希望。生活需要自信者。

如果你对自己缺乏信心，可以用这样的话来鼓励自己："首先，我并非别人眼中的焦点，他们不会给我多少关注；其次，就算他们真的将我视为焦点也无所谓。我就是我，我的生活应该完全按照我自己的意愿继续下去。"

内心的胆怯与羞涩让你没有变成勇士的勇气。要想克服这一点，就必须要时常给自己这样的暗示："我是天生的成功者，这个世界上再没有人比我更有资格获得成功。"一旦在心里坚定了这样的信念，便将自己的形象完全改变了，由懦夫变为勇士。在这个过程中，自信和勇气都将接踵而至。你要以自己的实力证明给那些骂你愚蠢的人们看，他们才是真正愚蠢的人，而你是真正的智者。

不要害怕磨难，因为人只有在经历过磨难后才能取得进步。每个人都拥有上帝赋予的才能，假如因为磨难而故步自封，不求精进，便是对自己才能的可耻浪费。成功永远不会光顾这种犹豫胆怯的人。我们必须要为自己努力创造机会，争取成功。不要胆怯，不要犹豫，想要什么，就勇敢地追求到底。只有这样，才能找到成功的正确途径。

自我暗示对人生信念发挥着至关重要的作用。我们所遭遇的种种惨痛，皆可借助自我暗示进行调节。通过自我暗示，坚定必胜的信念，能够帮助我们克服任何困难。反之，如果信念动摇，才能再强大的人也会面临失败。

任何人如果能将自己的潜能很好地发挥出来，都会获得一定的成就。这就要求我们给予自己高度的自我评价，从而激发起体内潜藏的巨大能量。思想指导我们的行动，成功需要自信积极的思想作指导。要想加快走向成功的步伐，我们便需要给自己恰如其分的评价，并且要对自己有信心，坚信我们比别人更优秀。这样的信念将会在精神上给予我们强大的支持，促使我们最终走向成功。

第二章

最怕你能力不足，却梦想远大

在竞争日益激烈的社会，一个人要想靠自己取得成功，必须具备强大的能力。你首先要思想独立，然后加强自己的进取心、判断力、控制力，还要使自己变得灵活而又富有智慧，等等。

　　只有不断地努力，你的潜能才会被激发出来，你各方面的能力才能得到强化，进而走向成功。

>>> 明明才华出众却处处碰壁，为什么呢

要想将自己塑造成为成功人士，做到灵活机智也很重要。如果你天生不具备这种能力，那么不用担心，只要努力培养，任何人都有可能成为一个灵活机智的人。

灵活机智对于营造良好的社交关系大有帮助，能让人在任何场合、任何人面前都能表现得恰到好处。与之恰恰相反，不够机智的人却总是说出令人误解的话，使得自己在社交场合跟跟跄跄，如履薄冰，为自己通往成功的大道增添无数障碍。

很多人都有这样的疑惑，自己明明才华出众，无论是教育水平还是专业技能都是同行中的佼佼者，为什么却处处碰壁，郁郁不得志呢？他们也隐约能猜测到其中的原因，可惜对该原因的认识却不够明确。这时不妨问问自己，是否是灵活机智的匮乏导致了眼下糟糕的局面？如果答案是肯定的，那么从现在开始，你就要学习怎样才能成为一个灵活机智的人。做到了这一点，你就可以更好地发挥自己的才能，在社会竞争中占据更

有利的地位。

要想在工作中如鱼得水，挥洒自若，进而取得成功，并非仅仅依靠个人才华就能做到。因为要在工作中将自己的才智发挥得淋漓尽致，灵活机智是必不可少的指导因素。资质平庸但机智灵活的人，远比那些资质出众但机智匮乏的人更容易获得成功。机智的作用绝对不可小觑。曾有一位年轻人，尽管才智平庸，却凭借着自己过人的机智成功进入美国参议院。

机智的匮乏会给人们带来巨大的损失。对商家、律师、医生而言，损失就可能是客户流失；对牧师、艺人、教师、政治家而言，损失就可能是形象受损。

现代社会，尤其是在商业贸易之中，机智灵活的重要性愈发凸显。一位商界名流在被问及其成功的决定因素时，将理想、技能等因素全都排在了机智之后。

机智的人凭借自己高超的社交能力，能够认识更多的朋友。对于从事商业贸易的人而言，创建广泛的社交网络作用重大，很多贸易的促成，均需借助朋友的力量。

我认识一位男士，他才华出众、勤奋踏实，却始终无法获得成功，原因就是不够机智。他不懂得处理人际关系，也不懂得与人通力合作，以致处处碰壁，一生坎坷。他说出来的话总是那么不合时宜，总在不经意间就给别人造成了伤害。他毫无保留地付出了全部心血，却因为机智的极度匮乏，最终一事无成。

有的人性格极度坦率，说话直截了当，从不拐弯抹角，并以此为傲。然而，成功却不会因为这种诚实而降临到他们身上。这种人常常会因为过分诚实造成很多不必要的麻烦，他们从来不懂得恰当合理地表述一件事，因而总是令他人对自己产生误解。

在这个世界上，机智盲远比色盲更加可怕。色盲只是感受不到一些颜色，而机智盲则感受不到整个生活。

有这样一个故事。一对夫妻前去赴宴，因为丈夫不够机智，妻子便在途中提醒他说："今天就要被处死的那名囚犯是这家人的亲戚，所以你一定要记得别在宴会上提起这件事。"

丈夫答应下来，在宴会上果然没有提及死刑一事。然而，就在宴会快要散场时，丈夫一不小心，还是说错了话："这个时候，死刑应该已经结束了吧？"

有人说："机智能使人充分发挥自己的已知，巧妙避开自己的未知，扬长避短，最终走向成功。"

爱迪生说："在生活中，机智比才华更重要。而要获得成功，则必须两者兼备。"

在谈话时，特别忌讳对自己的私事喋喋不休。机智的人都明白，对于自己的私人问题，别人根本没有谈论的兴趣。机智的人会在谈话中刻意避免这些，但是不够机智的人却经常会犯这种错误，引起他人对自己的厌恶。

在社交场上能够做到如鱼得水的，是那些大方温和而又机智灵活的人。他们懂得换位思考，体谅他人的难处，并能运用最合适、最容易叫人愉快接受的言语来表达自己的意见，是天生的社交人才。而有些人则不然，他们轻率鲁莽，说话随心所欲，即便他们说出的都是真相，也往往会因表达不慎而给他人造成伤害，很难交到知心朋友，因为对任何人来说，面对真相都需要有一定的勇气。这种轻率的做法是不可取的。马克·吐温说："我们需要真相，但在面对真相时务必要十分谨慎。"

法国大革命期间，发生了这样一件事：一日，士兵们与街头游行示威的群众经过了长时间的对峙以后，士兵指挥官忍耐不住了，正欲下令开枪，这时一名中尉提出请求，要对群众说几句话，或许可以解决眼前这个难题。指挥官同意了他的请求，中尉遂面向群众鞠躬道："绅士们请先离场吧，我们要处理的是那些唯恐天下不乱的不法之徒！"他的话旋即收到成效，群众迅速散场。中尉凭借自己的机智，成功避免了一场流血冲突。

借助灵活机智而获得成功的人士不在少数。比如著名的美国总统林肯，假如他没有灵活机智的才能，如何能成功结束南北战争，废除奴隶制度？

机智常常以幽默表现出来。要成为一个幽默的人，说话技巧是很必要的。事实上，在我们的人际交往中，常常要运用很多说话技巧。机智灵活地运用技巧展现幽默，对于鼓励那些意志消沉的朋友大有裨益。

有人说："不同的鱼儿喜欢不同的钓饵，但无论什么鱼儿，你总能找到它们喜欢的钓饵。"这个道理同样适用于复杂的人类。无论对方性格如何乖张，不易接近，只要我们充分发挥自己的机智，总能找到切入点，与之和平共处，甚至发展成为朋友。

在爱尔兰的一所学校中，有个十分淘气的小男孩。有一次，他又因闯祸受到批评。老师说："约翰，你做了什么我都已经看见了，别再掩饰了！"聪明的小男孩于是说道："老师有这么一双美丽的眼睛，我们做什么都逃不开您的慧眼啊！"

机智灵活能帮助人们化解矛盾，建立友情。因为他们永远都在展现自己最好的一面给对方，同时又帮助对方展现最好的一面给自己。

威廉·培恩是贵格会教徒，按照教规规定，他在拜访国王查理二世时，拒绝脱帽行礼。面对这种情况，查理二世竟微笑着将自己的帽子摘了下来。威廉·培恩忙说："这叫我如何受得起？请您赶紧戴上帽子吧！"查理二世幽默地说："在我这里只能有一个人戴帽子，既然你不脱帽，那就只好由我来脱喽！"

机智对于女性也很重要。政坛女强人并非总是才华横溢之人，一位才华并不出众的女性，也有可能凭借自己灵活机智的才能，在政界占有一席之地。

机智对于家庭的作用同样不可小觑。一名机智的女主人，对于家庭生活中出现的各种矛盾，都能作出恰当处理。我认识的一位女士就是这样的。她的丈夫脾气极为暴躁，无论生活还是工作，稍有不合心意之处，便会暴跳如雷。可是，由于他有一名灵活机智的妻子，每次出现状况都能及时有效地作出反应，化解危机，所以他的家庭生活一直非常和谐。如果丈夫不满意咖啡，她马上就会再去做一杯，直到他满意为止。有时丈夫不满意饭菜，将饭桌掀翻，她非但不生气，反而会善解人意地说："你之所以会情绪失控是因为工作压力太大了，这怨不得你。"家里的佣人常因男主人的火爆脾气提出辞职，可是次次都被女主人用自己的机智劝服了。这样的女主人就如同灿烂温暖的阳光，能驱走家中的一切阴霾。

机智对医生而言，也非常重要。医生如果不够机智，会给病人带来意想不到的损失。不是医术过人就可以称之为好医生，真正的好医生还需具备灵活机智的才能，用自己的乐观幽默带给病人生机与希望。医生的悲观情绪很容易传染给病人，这样的医生无论专业技术如何高超，都是一名不合格的医生。机智带给医生的是事业有成，带给病人的则是重获新生。

医生要充分发挥自己的机智，阻隔所有可能影响到病人情绪的因素。这对于病人的帮助，甚至超过药物治疗的作用。面对一名病情难以挽回的病人，机智的医生绝不会将真相讲出来。因为只要病人心存希望，没有什么奇迹是不可能发生的。机智的应用，可以创造很多令人意想不到的奇迹。机智的匮乏，则会造成很多本可以避免的悲剧。

要成为一个机智的人，必须要学会观察细微，善解人意。那些生活马虎、粗心大意的人，如果不改掉这种恶习，便永远学不会灵活机智。有人说："随时关注周围发生的所有事情，这便是成功的秘诀。环境若是改变不了，就努力去适应它。竭尽全力，做一个富有同情心的人，并要学会在正确的时间做正确的事，说正确的话。"

机智的才能包括三个方面：良好的观察力、迅捷的反应力以及善良的品性。与一个机智的人相处会让人感觉非常舒服，但这种感觉并非源于虚伪。机智绝不等同于谎言，它只是一种委婉的、恰到好处的为人处世的方式。机智的人会设身处地为他人着想，巧妙地避开那些令对方不安甚至难堪的话题，成功取得人们的信任。机智带给人们的好处是不可估量的，很多对一般人而言完全封闭的私密空间，却会对机智的人敞开大门。机智会为人们创造更多成功的机会。

成功需要才能，同时也需要能够灵活驾驭这些才能的机智，否则，即便是天才也只能对成功望洋兴叹。

>>> 遇困难手忙脚乱，是弱者才会有的举动

传说中，一半是人一半是鸟的女海妖拥有极为优美的声音。船经过她们身边时，船上的水手常因被她们的歌声迷惑而丧失神智，造成沉船事故。尤利西斯为了让水手们免受其害，在经过女海妖所在的海岛时，要求水手们用蜡把耳朵封起来，并将自己的身体跟桅杆捆绑在一起。俄狄浦斯在途经这座岛时，则选择了另一种方法保护自己：他用更优美的音乐声将女海妖们降服了。

要战胜诱惑，不能单靠自身道德的约束。尤利西斯想出的并不是上佳的方法，俄狄浦斯的做法才能最有效地抵御诱惑，他凭借自己超人的自制力勇敢地迎难而上，将女海妖彻底打败，这才是强者应该作出的选择。人类皆拥有感性和理性，感性的力量能推动人们不断前行，理性的力量则保障人们朝着正确的方向前行，两者缺一不可。

成功人士应当具备这样的素质：无论在什么情况下，都能

保持理智清醒，及时作出准确判断。

一个能在混乱局势下保持清醒的人，其成就势必将达到旁人难以企及的高度。一遇到困难就手忙脚乱是弱者才会有的举动，这种人无法取得别人的信任，更无法获得成功的机会。

在工作中，能得到老板赏识的，往往是那些能时刻保持头脑清醒，对任何事都能作出准确判断的人，这类人甚至不需要具备多么出众的才华。很多人不明白，为什么一些并不具备出色才能的人却能在公司中身居高位。原因就在于，处在这些事关全局的重要位置上，理智清醒远比才华横溢更重要。

一个理智的人会坚持自己的想法，别人很难影响到他们的决定。暂时的挫败不会动摇他们的信念，不管前路多么艰险，他们都会从容不迫地走下去。若过程一切顺利，他们也不会沾沾自喜，给对手以可乘之机。他们时时刻刻保持冷静，一旦机会到来，便会迅速出手，竭尽全力争取成功。

做足准备才能遇事不乱。事先将可能的意外全都考虑到，当意外真的发生时，才不至于手忙脚乱。在意外面前镇定自若才是成功者应有的表现。反之，一遇变故就惊慌失措的人，很难在追求成功的道路上取得最终的胜利。

位于南北极附近的庞大冰山，只有八分之一的部分露出海面，余下的八分之七深藏海底，这使得它们在面对狂风巨浪时岿然不动。同理，人类要想在所有突发状况前保持冷静，就必须事先做好最全面厚重的积累。

要想时刻保持理智清醒，拥有和谐的心理状态很重要。人们的才能只有在和谐的心理状态下才能得以发挥。成功从来不会青睐于那些心理状态失衡，一遇到状况就手忙脚乱的人。一个才华出众的人，若心理状态不够和谐，就好比一棵将要枯萎的树，空长了一条生机勃勃的树枝，却阻挡不了它迈向衰朽的步伐。

在美国参议院和律师行业都取得了骄人成就的韦博斯特，就是一个理智清醒的人。不管在什么情况下，他总能及时有效地作出准确的判断。这一点对他的事业发展大有裨益。

很多愚蠢的事件之所以会发生，原因就是当事人严重缺乏理智的判断。他们作出的决策非但对事情的发展没有半点帮助，反而促使其走向更恶劣的境况，并在此期间使得大量人力物力白白流失。类似例子在现实中为数众多。不少人尽管才能出众，却因为缺乏准确的判断力，做出了许多不可理喻的蠢事。

一个缺乏理智头脑和准确判断力的人，难以令人对其产生信任与敬意。成功的事业对这类人而言，永远都是可望而不可即的。理智地进行判断，是赢得别人信任的一个重要条件。在工作中，不管是大事还是小事，都应该理智、认真地将其做好。很多人之所以会失败，就是因为没有重视小问题，任其不断累积扩张，成为无法挽回的大问题。人们素质的高低，最容易在处理小事时体现出来。一个对小事马虎随意的人，很难成为令人敬仰的成功人士。要不断提升自己的判断力，成功赢得别人的信任与尊敬，就应当做好与工作相关的一切事宜，无论事件大小，也无论自己是否感兴趣，都要坚持到底，排除万难，圆满完成自己的工作任务。

年轻人缺乏理智的控制力，所以他们要想在诱惑面前坚持原则，就必须及早确立自己的理想，并为之努力奋斗。赫胥黎指出，优秀的人应该做到以下几点：第一，他从小受到良好的教育，塑造自己坚强的毅力，这是他成为强者的先决条件；第二，他有冷静、理智的思维，还要反应灵敏，并具备良好的逻辑思考能力；第三，这一点是最重要的，他必须擅长控制自己的情绪，这样才能够战胜诱惑，理智地处理各种意外情况。

>>> 发挥不出潜能，常常会导致你的失败

上帝是公平的，赐予了每个人成功的潜能，成功者与失败者的区别只在于能否发挥这种潜能。如果不能发挥出来，潜能对我们而言有害无利。

每个人的身体中都隐藏着巨大无比的潜力，关键在于这种潜力能否得到发挥。发挥这种潜力，为社会作出应有的贡献，是我们的责任与义务。

暗示自己有能力，能为人们带来意想不到的收获。在追求成功的道路上，要时常暗示给自己这样的暗示：我一定会取得成功。这种暗示会促使你不断提升自己的能力，随时准备迎接全新的挑战。

俗话说："士别三日，当刮目相看。"每次你跟朋友见面时，肯定会发现彼此之间都发生了一些变化。这种变化到底是好还是差，每个人都会在心底为对方作出评判。因此，我们要注意观察别人对我们的看法，了解我们在他们眼中是否有进

步。我们必须要对自己负责任，一旦发现有任何不足之处，都要及时采取行动。

我们要善于发掘自己的优势，将自己看成是世间最完美的人。对每个人而言，妄自菲薄都是不可取的。不管发生了什么事，我们都应坚定信心，充分相信自己的品格与能力。

只要能发掘出自己巨大的潜能，树立旁人无法比拟的自信心，我们就能自动远离失败的深渊。发掘不出自己潜能的人，注定要走向失败。同样，发掘不出自己品格优势的人，也断然无法获得成功。

我们要不断给自己这样的暗示：我们完全有能力把自己的观点在所有人面前大声表达出来，我们完全有能力在竞争激烈的社会中占据优势地位，我们完全有能力成为生活的强者，成就一番伟大的事业。不管身处何时何地，不管能否将这些付诸行动，我们都应表现出无比的自信，坚信自己一定可以做到。如果在你的脑海中从来没存在过这种成功的思想，那么成功永远都不会降临到你头上。所有的成功与失败都有着根深蒂固的缘由。只有当我们对成功有了充分的自信心时，才有可能将这种成功的信念变为现实。

在美国西部有一个60多岁的法官，他学问深厚，又掌管着全市最大的图书馆。他生平唯一的愿望就是希望让本市的市民获得更丰富的知识储备。他在这方面的不懈努力为自己赢得了良好的声誉，然而，他却从未接受过正统的教育。他以前的职业是铁匠，人过中年，依旧胸无点墨。后来，他在一个很偶然的机会下听到了一个以"教育的价值"为主题的演讲，就此改变了自己的一生。他体内的潜能被激发出来，经过一番艰苦奋斗，终于获得了令人仰望的学识与地位。

身处险境之中，更能发挥人的潜能。著名的格兰特将军在面对危险时，永远都怀着必胜的信念勇往直前，在他的字典里，从来没有胆怯、懦弱这样的词汇。从来都是由他控制命运，而非由命运制约他。

有很多女孩子，她们出生在富裕的家庭之中，过着轻松自在的生活，没有遇到了任何挫折和困难。可是，当灾难突然降临，比如父母双双辞世，家中的财富不复存在时，她们只能靠自己生存下去。这个时候，她们的潜能就会被激发出来，使她们做出平时从来也没有做过的事情。在此之前，根本没有人能够想到，如此柔弱的女孩儿，竟然能够迸发出这样巨大的力量。

上帝在创造人类的时候，把坚强和力量注入到了每个人的体内。但是，有些人因为没有遇到特别的事情，所以他们的潜能没有被激发出来。这样的例子在生活中随处可见。比如当遇到交通事故，死亡在他们的头顶上挥之不去的时候，他们就会爆发出求生的本能，为了能够生存下去，可以做出平时无论如何也做不到的事情。不管那些人的年龄、性别有何区别，皆是如此。当洪水泛滥的时候，当烈火熊熊燃烧令人感到窒息的时候，不管是柔弱的妇女，还是手无缚鸡之力的孩子，都会为了生存而变得坚强。她们平时总是受到别人的照顾，谁又能够想到她们会有如此巨大的力量呢？

英雄往往在乱世之中诞生，当身处险境时，人们创造出奇迹的概率会大大增加。那是因为，平时就潜伏在他们内心里的力量被激发出来了。

那些能够充分发挥自己潜能的人，都是强者，他们更容易获得成功。在一个永远也不会放弃的人面前，所有的挫折和困难都无能为力。因为那个人不害怕失败，在失败之后能够重新振作起来。在性命攸关的时刻，人们的第一反应便是恐惧，好像必死无疑。但是当潜在的力量被激发出来的时候，就算是普通人也能够爆发出不可思议的能量，成功地脱离险境。暴风雨虽然猛烈，但不能长久地持续下去，太阳总是会出来的。很多困难看着好像根本就没有解决的办法，其实并非如此。只要我们在困难面前不气馁，心里始终有一种必胜的信念，那么无论多么大的困难，都能够被克服。如果缺乏这种信念，只是整天不停地抱怨，那么不但不利于克服困难，反而会使我们自身变得憔悴不堪。

到底怎样才能激发人们的潜能呢？有很多种方法，例如读一本热血励志的书，听一听朋友鼓励的话语，旁听一个激情澎湃的演讲等。

不管处在怎样的环境中，人们都应努力寻找方法，最大限度地将自己的潜能发挥出来。你要学会给予自己最全面客观的评价，无论别人怎样看待你，都不会动摇你的自信心。你要时时刻刻记得提醒自己："那些不思进取、品行恶劣的人，根本和我不是同类人。我有足够的能力让自己变得比别人都优秀。对我而言，物质享受并不是唯一的目标，精神上的高贵追求才是我最看重的，我绝对不会甘心做一个平庸之人。我要实现自己的理想与追求，别人的看法对我而言根本就不重要。我不会过多关注那些平凡的小事，因为还有很多值得倾尽所有全神贯注去追求的大事在等着我。我的生活方式将会逐渐向成功者靠拢，最终与他们达成一致。我一定要做一个诚实守信、正直宽厚的人。我的与众不同将会在高贵的人格之中展露无遗。我的生命将在我的坚持与努力之下绽放灼灼光华，实现我真正的人生价值。我的追求不会为那些终日碌碌无为者了解，但是这对我来说根本就无所谓，我会继续为实现这个目标而奋进。为了实现这个理想，我必须培养良好的心态，将自己高尚的人格展现在世人眼前。"

>>> 不能从失败中走出来，无法取得成功

"假如我一早就开始努力，肯定不会沦落到现在的地步。""如果那时候我能再多坚持一会儿，成功肯定就属于我了。"在生活中，很多人经常这样自怨自艾。少壮不努力，老大徒伤悲。年轻时的轻言放弃，让他们的余生都在悔恨中度过。

事业开始之初，人们往往斗志高昂，但在挫折面前，这份斗志却不堪一击。很多人受挫以后会立即作出决定，转移奋斗目标，去做一份未必适合自己的工作。直到发觉眼前的工作并非自己真正想要的，却因为勇气不足而选择得过且过地将就下去。这种人早早丧失了自己的人生目标和追求，就算活着也不过徒具形骸，无所作为。

年轻人往往更容易在悲观绝望时，鲁莽地作出决定。例如，有的年轻人在事业受挫时，选择了彻底放弃。其实只要他们坚持下去，过不了多久便会重新看到希望的曙光。著名的天

文学家阿拉龚将数学家达兰贝尔的一席话视为人生信条："永远不要轻言放弃，否则你将一事无成。勇敢坚持，一切困难都会被打倒！勇敢坚持，才能最终看到胜利的曙光！"在这番话的激励下，阿拉龚不断奋斗，坚持到底，终于成了一名出色的天文学家。

　　还有的年轻人，好不容易得到去国外求学的机会，却因为一点小挫折而深感绝望，选择中途辍学。这种半途而废的人，在成功道路上必然只能浅尝辄止，难以走到最后。一些年轻人立志成为一名优秀的律师，所以选择了学习法律专业。然而，不久之后，他们却因为课程太过枯燥，对自己是否适合本专业产生了质疑，并最终选择了退学。这种情况跟很多医学专业的学生很类似。起初对医学专业兴致浓厚，后来学到化学和解剖学时便败下阵来，选择退学。其实，这些中途放弃的学生若能多一点意志力，坚持下去，必定能实现自己的理想。可惜，他们却在悲观的情绪下，草率地决定了自己一生的失败。

　　人的思想经常自相矛盾。有些寄宿生，因为不能适应离家的生活，所以作出了退学的决定。当他们回到家时，却又为自己的懦弱陷入深深的自责之中，难以自拔。

　　有些人很富有，受到朋友们的敬重，一生过得都非常顺利。表面看起来，他取得了成功，但实际上并非如此。当灾难不期而至，他的财产就会立即失去，他的朋友也会离他远去。他很快就会陷入绝望的境地之中，因为他的勇气早就被物质享受给消磨殆尽。在这样的打击面前，坚强的人会做出与他人完全相反的反应。他们能够凭借自己的意志承受意外的打击所造成的伤害，他们心中的希望之火会让他们很快振作起来。如果不能够承受打击，那就只会从此一蹶不振。

如果遇到失败就灰心丧气，一味地消沉下去，而不是从失败的阴影之中走出来，那么根本就无法取得成功。有些人，因为自己的财产不复存在，或者自己的企业倒闭，就一蹶不振，甚至不想再活下去。在这个时候，一个人的意志力得到了充分的体现。钱财只是身外之物，比钱财重要的还有很多。如果自己都对自己失去信心，那么他就无药可救了。

勇气、尊严、毅力都是人生最可宝贵的东西，就算失去任何东西，也不能失去它们。真正强大的人，根本不会在乎失败。在成功的道路上，挫折和各种小问题总是在所难免，但是真正伟大的人，根本不会把它们放在眼里。当暴风雨来临时，懦弱的人与坚强的人有着截然不同的反应：懦弱的人不知所措，怨天尤人；而坚强的人总是能够坦然从容地面对。他们像世界的主宰那样，任凭岁月的洗礼，仍然能够保持他们的风范。

有些恶毒的言语也会使人陷入失望的黑暗之中无法自拔。因此，在有人对你说出那些不负责任的恶言恶语时，你可以当做没听见。如果你对身边的人说过类似的话，便要想方设法去挽回，比如说一些鼓励的话，尽快将对方从黑暗中拯救出来，重新让其对生活充满希望。因为鼓励的话语将会对人们的成功起到巨大的推动作用，因此要经常用这样的话语来鼓励自己不断进取。只要有了坚定的自信心，人们便能够时刻保持昂扬的斗志，乘风破浪，最终顺利抵达胜利的彼岸。

很多人在遇到逆境时，便会自信尽失，不愿继续朝目标奋进下去，致使以往的心血全都付诸东流。这些人就好比井底蛙，一开始拼尽全力想爬出去。可是在失败了一次以后，就对自己彻底失去了信心，甘心接受一辈子做井底蛙的命运。一个心中充满了犹疑与畏怯的人，是难以获得快乐与成功的。任何人要想不被逆境打倒，就必须努力克服心中的犹疑与畏怯，保持坚定的信念，誓与逆境对抗到底。

许多人常因一些无谓的小事而心态失衡。这一点永远不会发生在那些沉稳冷静的人身上。他们早已寻觅到人生最坚定的支撑，绝不会再摇摆于希望与失望之间，所以不管眼前出现了多大的困难，都不能引起他们的心态失衡。信念给予了他们自由翱翔的翅膀，他们已将自身与宇宙融为一体，并与上帝成为无话不谈的知己好友。

西奥多·罗斯福在首都华盛顿进行了一次演讲。他说："我希望每一个美国人都能够坚强地面对生活中的挫折。每个人都会遇到各种各样的困难，这是无法避免的事情。振作起来吧，否则你将永无翻身之日。"

失败之后，不气馁，勇敢地重新来过，是成功的秘诀。每个人走过的人生之路都不会是一帆风顺的，都有过痛苦的经历，都曾失败过。也许是自己想要的成功一直没有到来，也许是与亲朋好友分道扬镳，也许是失去了本该得到的财富，也许事业刚刚起步就宣告失败……但是，只要你勇敢地面对挫折，渴望成功，那么就仍然有机会取得成功。

奥地利75万军队打败了拿破仑率领的军队，拿破仑的军队只有12万人，败给奥地利军队也情有可原。但是，拿破仑仍然非常生气。他对士兵们说："我对你们失望极了！你们的勇气和组织纪律性都去哪里了？我们占据着地利优势，敌人再人多势众，也休想攻上来。可是，你们居然没有守住。真是太让我生气了！你们这些法兰西战士，难道不觉得羞愧吗？"一些服役时间很长的士兵非常激动地回答说："要不是敌人太多，我们一定能够守住的。请您再给我们一次机会，我们一定会把敌人打得落花流水，让他们尝尝我们法兰西战士的厉害。"在第二次战役中，这些人组成先锋部队，给奥地利军队造成了沉重的打击。

逆境最能考验人们的品格。同样身处逆境之中，有的人因此一蹶不振，有的人却镇定如常，继续努力。显然，后者比前者更加优秀，更有机会赢得成功。在人生旅途上，往往会遇到各种各样的困境，很多人就是因为意志不够坚定，总是忧心失败，所以最终只能走向失败。

有一个战争专有名词叫做"费边主义"，其由来有一个故事：费边·麦克斯在与汉尼拔作战的过程中连连败退。在汉尼拔入侵西班牙，越过阿尔卑斯山进入意大利后，民众的情绪越来越不安，纷纷对费边提出严厉指责。费边却不慌不忙，表面上是一味逃避，拖延时间，但实际上却在趁机将敌人引向对自己最有利的作战区域。

他将汉尼拔的队伍引入易守难攻的山区，随即切断其退路，开始正式与之交锋。对于他的战术，罗马政府并不理解，若非他顶着巨大的压力坚持到底，这种战略根本无法得实施。半年后，费边被调离，新来的司令一味盲目进攻，导致罗马在一次大战中大败而归，将士们死伤惨重，并累及元老院80位议员因此丧命。费边自制战略的正确性终于得到了证实，很快，费边重新掌握了这支队伍的领导权，最终让罗马军队赢得了战争的胜利。

文特尔·菲利普斯自问自答说："失败是什么？失败是成功的必经阶段，是成功的基础。"很多人都是在经历了无数次失败之后，才最终走向成功的。没有失败，便没有成功。那些坚强的人，会因为失败而受到鼓舞，变得更加勇敢。如果没有经历失败，他们可能一事无成。失败让他们知道了他自身的力量是多么强大。

那些意志坚定，勇气十足的人根本不会把困难放在眼里，他们失败后会立即重新开始。那些永远也不认命的人，从来都不会失败。尤利西斯是一个非常勇敢的人。无论什么时候，他都能够为自己所爱的人战斗不息，即使流血牺牲，也不会有任何畏惧。这样的人，就算身处绝境，也能够化险为夷。拿破仑眼中只有胜利，没有失败，所以他才能够反败为胜。

自信、意志是强者必备的要素之一，缺一不可。在失败面前，强者的勇气和毅力可以激发其产生出战胜困难的斗志。比彻说："人们的肌肉之所以变得更加结实，人的骨骼之所以变得更为坚硬，是因为那个人遭受到了失败。一个人，经历的失败越多，就会变得越坚强。"

成功者事业有成的原因就在于：他们能在别人退缩时前进，在别人放弃时坚持；在前景一片黯淡时，用自己的努力创造出光明的未来。

>>> 苦难的环境不是让你放弃的理由

有两个强盗路过刑场。其中一人望着绞刑架发出了这样的感叹："要是没有了这玩意儿，我们肯定过得比现在轻松多了！"哪知另外一人却啐了他一口，叱道："没了这玩意儿，岂不是人人都敢做强盗了？到时候竞争激烈起来，还有我们的活路吗？"

这虽是个笑话，其中却包含着耐人寻味的道理：环境艰苦未必就是坏事。如果你从事的是一项异常艰苦的工作，那么在工作过程中就会少了很多竞争。无数人正是在艰难的环境中成就了自己的事业。可以说，苦难造就了无数伟大的人物。

拿破仑在评价自己手下一名骁勇善战的大将时说："平日里他看起来跟普通人没有任何区别，他的军事才能只有在炮火连天的战场上才能发挥出来。战场上的他与平时判若两人，勇猛果敢如一头可怖的野兽，不计任何代价，只求彻底消灭敌人。"

伟大的人物总是在极度的苦难之中方能展示出自己与众不同的才能。无数伟人都是在一般人难以忍受的贫苦环境中成长起来的。拿破仑之所以能够取得举世瞩目的成就，与他早期所受的苦难密不可分。他的才能在连续的苦难中得到迅速提升，他的人格在努力克服困难的过程中不断得以完善，这为他日后的成功打下了最为坚实的基础。

任何成功都不是轻而易举的。一名成功的商人曾说："我所有的成就都是自挫败中得来的。"只有凭借自己的努力战胜困难，脱离苦海，最终取得的成功才是真正属于自己的。世间最幸福的莫过于在苦难中不断奋斗，逾越各种各样的障碍，战胜自己所有的缺点，满怀信心地奔向成功的未来。

我有位朋友，其才能令同龄人望尘莫及，年纪轻轻就已在一家大公司担任高级主管。然而，很少有人了解他的过去。读大学时，他一直是同学们的嘲笑对象，原因就是他出身贫苦，身上总是穿着破烂的衣服。可他并没有因此自卑气馁，反而在同学们的嘲笑声中立志奋发图强。如今，那些曾将他视为嘲笑对象的同学，每天都在做着最平淡无奇的工作，而他却已身居高位，成就显著。在被问及成功的秘诀时，他这样回答："我成功的最大动力来自大学同学的讥讽，正是这种讥讽促使我在成功的道路上不断奋进。"

在最艰苦的环境中依然选择坚持，这样的人才能将自己的潜能发挥到极限。一遇到挫折就退缩，不是成功者会做出的举动。假如林肯从小生活条件优越，完全有接受正统教育的条件，那他势必无法取得日后的骄人成就。人们如果长期生活在安稳舒适的环境中，便会使成功从他们身边自动远离。舒适的环境会给人这样一种错觉：成功似乎可以信手拈来，根本不必为之努力。然而，实际情况则正好相反。就算在最艰苦的环境中也不放弃努力，才是林肯取得成功的真正原因。

人类体内存在着一种神秘而强大的力量，只有在最危急的关头，才有可能释放出来。所谓"最危急的关头"，也就是远远超出一般情况的刺激环境，具体说来就是别人的嘲讽、侮辱与欺凌刺激人们爆发出来的复仇欲念，其程度强烈到连自身都无法控制的地步。

人们处在平静的生活状态下，最多能发挥出四分之一的能量。其余四分之三的潜能，只有在身处极度的苦难环境，身心受到极大的刺激与折磨的情况之下，才有被发挥出来的可能，爆发出连自己都想象不到的巨大能量。这种能量就是他们最终赢得成功的保障。

社会上存在着这样一种怪现象：读书时成绩优秀，工作后事业有成的女性，相貌大多十分平凡。平凡的相貌一方面激励她们立下宏大志向，并坚持不懈地为之努力奋斗，另一方面也让她们将更多的注意力转移到学习和事业中去。她们缺失了美貌，却赢得了成功的人生作为补偿。上帝对每个人都是公平的。许多成功人士皆是因为身体存在着各种不足，便在其他方面努力弥补，最终达到了旁人无法企及的事业高度。

英国有个一出生就没有四肢的人，其生活却与正常人完全没有两样，当地人更是对他赞不绝口。有个人在听说这件事后，特意前去拜访他。在两人聊天的过程中，他的缺陷完全被智慧与优雅掩盖，令来人心甘情愿地拜服在他脚下。

出色的船员不会诞生在风平浪静的港湾中。人们的潜能需要在特殊的环境中才能得到最大的发挥。苦难无疑是最佳的特殊环境。苦难的环境会激发起人们高昂的斗志，将自身的才能发挥到极限。能够迎难而上，奋斗到底的人，必将在成功的道路上势如破竹。

人类生来就具备了反抗的意识，苦难会将这种潜意识激发出来，指导人们实施反抗的行动。成功正需要有这样的斗志，它可以帮助我们在一切困境之中昂然挺立，奋勇前行，最终取得胜利。这就如同历尽狂风骤雨依旧巍然不倒的橡树，在苦难面前永远以不屈的强者自居。由此可以说，苦难以及其他各种各样的阻碍，对我们的成功起到了巨大的推动作用，我们应当对它们表示感谢。

幸福与苦难之间只有一段很短的距离，一旦战胜了苦难，往往就能将幸福纳入怀中。在克里米亚战争中，有座花园被炮弹炸得面目全非。等战争结束时，人们却在其中发现了意外之喜：原来在炸弹炸出的坑里隐藏着喷泉，有泉水从那里不停地涌出来。人们据此将这里修建成一处旅游景点，吸引了大批游客前来参观。整座小镇因此变得富裕起来，所有人都过着幸福快乐的生活。也许在某些时候，我们会因为承受不住过分强大的苦难而深感绝望。在这样的时刻，我们应当坚信所有苦难都会成为过去，只要再忍一忍，便一定能迎来幸福的曙光。

人们在苦难之中饱受折磨，同时也在这种折磨之中被打磨出最璀璨的光芒。许多人只有在被逼上绝路时，才发觉自己原来比想象中要强大得多。有位杰出的科学家说过一句发人深省的话："我的科研成就，总是在最艰难的环境中得以实现。"

人们可以将困难转化为前进的动力，这与河蚌生珠是一样的道理。人们的能力只有在困境中才能得到不断提升的机会。

老鹰会在雏鹰会飞之后，马上赶它出去，让它独自在大自然中接受痛苦的磨炼。要成为名副其实的鸟类之王，拥有最强大的战斗力和觅食能力，这是成长过程中的必经之路。

能成就一番事业的人，多数成长在苦难的环境之中。而那些自小生活安逸，没受过风吹雨打的人，往往很难取得成功。

苦难赐给了人们巨大的精神财富。人们能在苦难之中不断磨炼自己，提升自己的能力，坚定不移地走向成功之路。

就如同火柴在摩擦之后才能生火，人们也要在苦难的刺激之下才能释放自己的潜能。传世名著《堂·吉诃德》是塞万提斯在狱中呕心沥血完成的。当时他的处境极为糟糕，连写作必需的稿纸都买不起，只能割下小片小片的牛皮代替稿纸继续写作。若非他凭借着自己强大的意志，在困境之中坚持不懈，我们今日便不可能看到这部流芳百世的名作。曾有人游说一位西班牙富豪资助他，却得到了这样的答复："他只有处在一穷二白的赤贫之中，才能为其他人创造巨大的财富。在这样的情况下，任何人的资助对他而言都是多余的。"

监狱，这座人世间最痛苦煎熬的场所，却是无数伟大人物实现自己理想的圣地。贝德福德的《圣游记》，瓦尔德·洛里的《世界历史》，许多人类历史上伟大的传世之作都是在这样的人间炼狱中完成的。

不过，并不是所有人都能在苦难面前不屈不挠地战斗到底，只有很少的人才能将自己的潜能尽情发挥出来。无数原本有机会成功的人，只因在面对苦难时选择了退缩，便使得自己体内的能量永远得不到释放，永远徘徊在成功的大门之外。

要想取得最终的成功，不管此刻身陷怎样绝望的困境，都要坚持奋斗到底。在被囚禁于华脱堡垒期间，马丁·路德译出了德语版的《圣经》；但丁先是被判处死刑，其后遭到流放，在这流放等死的20年时间内，他坚持创作完成了名垂青史的《神曲》；在成为埃及宰相之前，约瑟夫更是历尽磨难，但他没有屈从于命运，最终凭借自己的努力取得了非凡的成就。

犹太民族是人类史上命运最为悲惨的民族之一。在历史上，犹太族曾多次遭到迫害，在到处避难的过程之中流离失所。然而，他们的潜能却在如此艰苦的条件下得到了最大限度的发挥。犹太民族之所以能在历经重重磨难之后坚强地存活下来，并发展成为全世界最伟大的民族之一，正是由于其族人出众的才能与智慧的发挥。

贝多芬失聪后创作出自己最伟大的乐曲；席勒在病中完成了自己最优秀的创作；弥尔顿在双目失明、穷困潦倒之际写成了自己最著名的作品。纵观人类的历史，类似的例子多得数不胜数，很多伟人的成就，均是在常人难以忍受的苦难环境中取得的。斑扬正是因为深刻领悟到苦难对于成功的巨大推动作用，才说出了这样一句话："真希望我能经历世间一切苦难！"

知难而上往往会得到意外的收获。许多年轻人做事总避难就易，逃避前进过程中遇到的麻烦、困难、危险。这就如同士兵们去攻占敌方的阵地，要想不被敌人的炮台和碉堡压制得四处躲避、性命难保，就得费些精力先将它们铲除掉。

能够在苦难面前不屈不挠、坚持不懈的，才是真正的勇士。苦难对于他们而言只是成功之前的小小考验，他们完全有信心战胜一切艰难险阻。在与苦难做斗争的过程中，他们不断磨炼自己的品格，提升自己的能力，以昂扬的斗志和坚定的信念，一往无前地朝成功的终点奋进。面对这样的勇士，再强大的命运之神也会俯首称臣。

第三章

怕，你就输一辈子

人们成功道路上最大的绊脚石就是没有马上行动。一个凡事拖延的人，根本不可能有足够的决心与意志去争取成功，等待他们的结局只有失败。很多人经常会问：为什么我的付出不见成效。因为，你没有一看到机会的时候就去奋斗。想要成功，现在就去行动吧，行动才是成功的必由之路。

>>> 意志不坚定的人，往往最先倒下

众所周知，龙卷风具有非常强大的破坏力，干枯的树枝、腐烂的树干等所有脆弱的东西都可能被它摧毁。能够经受住考验的，都是那些结实的枝和干。那些建筑牢固的房屋都安然无恙，而那些由缺乏经验的人用廉价材料建筑的房屋几乎全部倒塌，尽管它们的外观非常漂亮。同样道理，那些意志不够坚定的人，在危机到来的时候，往往最先倒下。

一个人如果意志坚定，那么他不管遇到多大的困难，都会坚持不懈地奋战到最后一刻。反之，一个人如果意志不坚，面对小小的困难就犹豫徘徊，必然不能坚持走到成功的终点。总之，人们成功与否，与其是否拥有坚定的意志有着紧密的关联。不少期盼成功的人之所以一辈子都未能如愿以偿，就是因为自身意志不够坚定。每次遇到困难，他们不是想方设法去面对，去解决，而是一味畏缩逃避。

工作中的一切困难都能借助坚定的意志克服。没有人愿意

信任那些意志不坚的人，这类人在做事时，自己对自己都没信心，更何谈赢得他人的信任与支持？他们不管做什么工作都是三心二意，总以为自己不适合眼下的工作，换一份工作情况会好得多。因而他们做起手头的工作永远都是马马虎虎，敷衍了事。这就解释了为什么有那么多人都没有取得成功。他们不是因为能力不足，也不是因为缺少奋斗的目标，只是因为缺少了坚持。

每个人都有获得成功的才能。但要将这种才能发挥出来，最终赢得成功，就一定要持之以恒，不断奋斗。成功者都拥有无比坚定的意志，这种意志会帮助他们赢得别人的信任，从而获得更多成功的机会。意志坚定者成功的概率比一般人要大得多。如果建筑师在设计好图纸以后便不再改动，每天按部就班地按照图纸施工，用不了多久，建筑就能成型。反之，若建筑师总觉得图纸还需要改动，改完这里又改那里，总也不能确定最后的方案，那么他的设计便只能停留在纸上，永远无法开始施工。

成功者必须具备两项素质：一是坚定的意志力，二是超强的忍耐力。成功者都有着坚定的意志，一旦下定决心，便会一往无前。无论中途遭遇多少艰难险阻，都会勇敢面对，坚持到底。意志坚定者更容易带给人们希望和勇气，因而他们更容易取信于人。在困境之中，意志坚定者绝不会轻言放弃，他们会想方设法解决问题。就算实在没有办法，必须要以失败告终，他们也不会放弃对成功的追求。一旦找到翻身的机会，他们马上又能重整旗鼓，继续奋战。人们经常会问这样的问题："他还没有放弃吗？"这里的"他"指的就是这些有着坚定意志的、百折不挠的人。不管身上的压力有多大，他们都能坚持到最后一刻。

格兰特将军曾在美国南北战争中立下赫赫战功。有一次，他在新奥尔良不慎坠马，并受了很严重的伤。要求他前去指挥察塔奴加一战的军令就在这时传来了。当时，他所在的联邦军队已被南方军队围困，对他们而言，失败似乎已在劫难逃。当夜晚到来时，敌方的篝火遍及四下的群山，像是无数明亮的星辰不断闪烁。联邦军队的给养已经断绝。收到军令后，格兰特只好咬牙强忍着身上的剧痛，赶往全新的战场察塔奴加。一路上，格兰特一直躺在由马拉着的担架上面，在四名士兵的护送下，沿着密西西比河一路北上，越过俄亥俄河及其支流，穿越无尽的原野，最后总算抵达了察塔奴加。这位优秀指挥官的到来，为整支军队带来了新的希望。到了这样的时刻，能够帮助联邦军队转败为胜的就只有格兰特了。他凭借着自己坚强不屈的意志大大鼓舞了军队的士气，在他还未下达任何军令之时，联邦军队就已迅速夺回了周围被抢走的山头。

强大的意志与勇气是否能改写一切？如若不然，古罗马勇士贺雷休斯怎么可能只带着两名战士就逼退了托思卡纳的9万大军？古希腊勇士莱昂尼达斯又怎么可能在温泉关挡住波斯百万军队的大举进攻？古雅典将军德米斯托克利又怎么能够粉碎波斯的战舰，令其葬身海底？古罗马统帅凯撒又如何能够仅凭一支长矛，一块盾牌，便将松散的军队集中起来，迅速反扑，扭转败局？勇士温克尔里德如何能用身体挡住奥地利人的无数支长矛冲出一条大道，让战友们循着这条道路最终走向成功的终点？拿破仑又如何能够在自己的军事生涯中创造辉煌？法国元帅内伊又如何能够在自己指挥的上百场战役中接连取胜？惠灵顿将军又如何能够在战场上永久保持常胜将军的美誉？美国名将谢里丹将军又如何能够在联邦军队大败时，赶至温彻斯特，仅凭一人之力扭转乾坤？美国陆军上将谢尔曼将军又如何能够独自冲上战场，通过对士兵的鼓励，达到振奋军心的效果，最终令自己的军队立于不败之地？

一个意志足够坚定的人，就算才能欠佳，也不会因此而阻碍其成功之路。相反，一个人若是意志不坚，必然会走向失败，哪怕他拥有出众的才能。

一个人必须要具备坚定的意志，才能最大限度地发挥自己的潜能，在成功的道路上勇往直前，顺利抵达胜利的终点。

爱默生说："生活的目的之一便是培养坚定的意志。"这句建立在人类本性基础上的名言确实非常有道理。约翰·斯图雅特·穆勒也说："人们的性格取决于意志。"

人们的成败直接取决于意志的强弱。意志力与创造力类似，同为人类强大力量的精神来源。人们根本无法估量强大的意志力能够产生多大的力量。

人们的性格决定其命运。要想成就一番大事业，就必须要具备超人的意志力、创造力与决策力，而这三种高尚的品格却正是无数人所欠缺的。他们原本有足够的才能获得成功，却因为品格上的缺陷，无奈地走向了失败。俾斯麦、格兰特等伟大的人物之所以成就显著，正是因为自身拥有强大的意志力，造就了最坚强的品格，才能支撑自己走向最终的成功。

希奥多·恺勒博士说："人类社会的一大憾事便是意志力的普遍匮乏，做什么事都很难坚持到底。"

由于判断力与意志力的匮乏，往往使一些人在困难面前止步，轻而易举地丧失了前进的勇气与斗志。他们习惯将成功的希望寄托在那些强者身上，不相信自己同样有能力成为强者，获得成功。这种人自信心严重匮乏，完全没有勇气独立创新，展示出自己与众不同的一面，唯有安分守己，亦步亦趋地追随在强者背后，让自己原本可以十分精彩的人生最终浪费在庸庸碌碌之中。人生最大的悲剧莫过于此。

一家保险公司在全世界都赫赫有名，其总经理说："公司发展过程中最大的困难就是招不到杰出的员工。在公司的招聘过程中，才能过人的应聘者不在少数，可是意志坚定者却十分罕有，而这类人恰恰就是公司最想要的人才。测试一个人的意志是否坚定，是我们公司在招聘考试中的最后一个项目。我会对应聘者说，要想在竞争激烈的保险行业崭露头角绝非易事。然后，我会观察应聘者对这句话的反应，他们的意志是否坚定便会有所表现。"

在这项测试中，绝大多数人都表现出意念的动摇，能坚持自己的选择，不被困难吓倒的只占了极少数。总经理通过这种途径，筛选出意志坚定的优秀人才。不出所料，这些人在进入公司后，工作表现上佳，为公司的发展注入了最新鲜的血液。公司要想发展壮大，必须要多引入这样的人才。

是否拥有坚定的意志力，超强的忍耐力，以及过人的勇气，也是公司评判员工优劣的三大标准。员工们一旦符合了这些标准，就能得到重用。与它们相比，才能的高低反而是其次因素。

总经理继续说道："人才是我们最大的财富。正是因为我们的公司里汇聚了这样一批意志坚定的人才，才使得我们有了今天的发展成就。由于他们的努力付出，令我们公司的工作效率超出别的公司几倍。我认识的90%的成功者都是因为意志坚定才取得了成功，纯粹依靠天分获得成功的仅占了10%。普通人要想成功，当然不可能寄希望于这种可遇而不可求的天分。"

要想成功，除了需要坚定的意志外，还要有强大的勇气。勇气可以让人们勇敢地面对前进道路上的一切困难，最终走向成功。这也是帮助人们在职场上立于不败之地的必要武器。

商人、企业家最喜欢雇佣的年轻人，就是那些工作卖力、反应敏锐、思维清晰、意志坚定的人。有丰富商业经验的年轻人不仅办事效率高，而且质量上也趋于完美，他们无疑会在社会中找到属于自己的位置。

无数本应成就显赫的年轻人，却因缺乏勇气和坚定的意志最终一事无成。库易雷博士说："意志不坚导致了许多年轻人的失败。"才能在成功的道路上固然重要，但若是缺少了坚定的意志，再才华盖世的人恐怕也难以摆脱失败的结局。成功绝不会属于那些一遇困难就逃避畏怯的人。坚定的意志会帮你赢得别人的信任与尊敬，不管你遇到什么困难，别人都愿意提供帮助。如此一来，便能为你的前进道路扫除不少障碍。

才智出众、意志坚定并具备超强忍耐力的人，必定会同时具备良好的声誉，所有公司都会欢迎这类人加入。相反，没有公司愿意接收那些缺乏自信，意志薄弱，总想依靠别人，缺乏独立自主精神的人。

在英语这种语言中，最能引起人们关注的莫过于"I will"，亦即"我要"这两个单词。这样简单的两个词汇，其内涵却极为深刻，包含着自信、决心、意志，等等。人们说出了这两个词，就代表着要不惜一切代价去追求成功。无论在通往成功的道路上将遇到多少艰难险阻，都要以无比坚定的意志迎难而上，勇敢地战胜它们。人们的理想与抱负全都包含在这种强烈的意愿之中，并将在这种意愿的驱使下产生非凡的前进动力。它将激励人们勇往直前，克服重重阻碍，最终抵达胜利的终点。

　　年轻人们如果立志成功，就应从现在开始，有针对性地培养自己坚强的意志。沙曼说："要参透人生的本质，选择正确的奋斗方向，就必须深刻领悟到坚强意志对人类的意义。"

　　索托里奥·刘易斯是一位希腊的农民，同时也是奥运会马拉松项目的冠军，他用自己的经历充分证明了坚强意志对人们的重要性。这里引用一则有关他的新闻报道：

拼搏在人生的赛场上

　　在赢得冠军之前，索托里奥并未接受过任何系统的训练。他在成为运动员之前，便立志要为国争光；在成为运动员之后，便开始为实现这个目标不断努力奋斗。不管参加什么比赛，他总是怀着"谁与争锋"的必胜信念遥遥领先于其他选手。他的父亲在送别他离开家乡阿玛鲁西的时候，曾拥抱着他说了这样一句话："孩子，你除了成功，别无他选。"儿子用满脸的自信与坚定作为对父亲的回应。

　　父亲在比赛开始前就坚信儿子一定是最后的胜利者，因此他便在终点做好准备，要迎接儿子的胜利到来。他在那么多参赛选手中间，一下子就发现了儿子的身影。索托里奥果然没有辜负父亲的期望，一马当先，将其余选手远远抛在后面。他取得冠军的那一刹，全场欢声如雷，父亲激动得满眼泪光闪烁。

索托里奥接过冠军奖杯，场内的气氛热烈到极点，鲜花、赞美、掌声潮水一样向他涌过来，他甚至还收到了国王和王子的热情祝贺。

然而，索托里奥最在意的却不是这些，他焦急地寻觅着自己的父亲。越过身边环绕的王公贵族与美丽少女，越过无数手舞足蹈、欢喜不已的同胞，越过慷慨给予自己掌声和褒扬的外国友人，索托里奥终于找到了因情绪过分激动而不住发抖的父亲。他紧紧拥抱住自己的父亲，等父亲的情绪缓和下来时，他说："爸爸，我没有让你失望，我赢了，我的梦想也终于实现了。"

运动员要有坚定的意志力，这可以帮助他们在比赛中取得胜利。而我们每个人要想充实自己的人生，成就一番事业，也必须努力培养自己坚强的意志力。

马修思教授说："不同的人在培养坚定意志时所需的时间也不一样。但是只要持之以恒地为之付出努力，任何人都会有所收获。比起你日后巨大的成功，在这个过程中所付出的一切都是值得的。"

赫胥黎教授说："人生之中至关重要的一项内容就是要接受教育。培养人们自我控制的意志力，便是所有教育成果中价值最大的一项。某件事如果你不想去做，但是有责任去做，你所受的教育就会驱使你履行自己的职责。人们的一生都在接受教育，在这个过程中，对意志力的培养贯穿始终，而教育的最终目标便是培养最坚强的意志。"

不断下水练习是学会游泳最好的方法，同样的，想方设法寻找各种各样的途径跑步也是跑步的最佳练习方法。要培养坚定的意志，就不应放过生活中任何一个微小的磨炼意志的机会。有一位出名的英国评论家说："人们要想收获多于付出，就应时刻保持清醒的头脑，持之以恒地磨炼自己的意志。"要培养坚定的意志力，最有效的方法就是坚持不懈地磨炼。在这个过程中，人们的意志力每天都会有所进步。

>>> 犹豫犹豫，成功的机会就会溜走

另一个阻碍成功的坏习惯是拖延时间，它应当引起人们足够的警惕。人们应该努力做到这一点：今天可以完成的任务一定要在今天做完，千万不能拖延到明天。

现代社会处在飞速运转的轨道之中，因而我们无论做什么事都应该当机立断。不管事情多么复杂，都要及时准确地对其作出判断。成功不会属于那些做事迟疑、瞻前顾后的人。作出重要决定之前确实需要进行多方面的考虑，但在高速运行的社会中，机会往往一闪即逝，大多数时候我们根本没有仔细考虑的时间。基于这种情况，我们允许自己作出错误的决定，但决不允许自己犹豫不决，错失良机。

在《小领袖》一书中，描绘了几个处事犹豫的人："一个人家门前长着一棵树，将视线都挡住了，所以这个人就想把树砍掉。但是，这个在他小时候就已经存在的念头，一直等到他变成白发苍苍的老头子时，还没有被付诸行动。有一天，他挂

着拐棍走到这棵已经长得很粗的树底下，自言自语地说：'是时候拿把斧头过来了。'另外一个是艺术家，当他还是个年轻人的时候，便对朋友说自己要画一幅世间最美丽的圣母像。随后，他放弃了全部工作，每天专心致志地构思圣母像。然而，直到他死的那一刻，这幅画仍停留在构思阶段，连一笔都没画出来。他将自己的人生全部浪费在空想中，最终一事无成。"与之形成鲜明对比的是这样一类人，他们想做什么便马上付诸行动。在行动的过程中，他们斗志昂扬，勇往直前，成功对于这样的人而言便如探囊取物。成功没有捷径，只有不遗余力地去做，才有成功的可能。

　　我有一位朋友，他除了做事优柔寡断外，基本可以算是一个完美的人。然而，很多人就是因为他这个缺陷，不能对他产生信任感。他做任何事都会给自己留有退路，从来不会斩钉截铁地确定一件事。举个例子，他每回写信都要等到邮寄出去的前一秒钟才肯将信封起来。有时，他只是因为要修改几个字，便将已经封好的信又拆开来。更有一次，他已经将信寄出去了，忽然又觉得信中有不合适的地方，于是急忙给收信的朋友打电话，要求他收到信后不要拆开信封，务必将信再完完整整地再退回来。做事认真只是他的表象，极度缺乏自信才是他做出这一系列举动的原因。

有一位女士，因为才能出众而广受人们的尊重。可惜，她同样也有优柔寡断的恶习。她会为了买一件衣服，跑遍所有商店，把所有款式全都看过试过，并翻来覆去进行比较。可是，她连自己的喜好和心理价位都确定不了。即便这样大费周章，还是犹犹豫豫，作不了决定。徒惹得店员嫌恶自己，最后仍是一无所获。

这位女士对衣服的要求极高：太薄了不行，太厚了也不行；太暖和了不行，不暖和也不行；夏天可以穿还不够，要冬天也能穿在身；山区可以穿，海边也可以穿；去教堂可以穿，去看电影也可以穿。一件衣服怎么可以同时满足这么多要求呢？与其说她这是正当要求，不如说是心理疾病。即便有朝一日，能满足这些要求的衣服真的出现在她眼前，她也会为买还是不买犹豫不决，结果仍是空手而归。那些没有主见、只会按部就班地完成他人吩咐的人，是难以成功的。遇事瞻前顾后、犹豫不决只会让人丧失主见，做些无用功。而那些富有创造力和经营能力的年轻人总是最受欢迎的。他们思想独立、有创意、爱钻研，并且擅长经营管理。他们在现实生活中勇为人先，给人类带来福音，既促进了人类社会的进步，又成就了自己的美名。

　　人类最可悲的并非居无定所、三餐不继，而是凡事畏首畏尾、犹豫不决。凡事畏首畏尾的人，做任何事都要征求别人的意见，从来都不能独立作出决定。像他们这种连自己都不信任的人，何谈赢得他人的信任？许多人穷尽一生都无法实现自己的理想，原因就在于此。这种人在我们的生活中有很多，严重者甚至到了不可思议的地步。他们极度胆怯，连承担一丁点责任与风险的勇气都没有。不管面对多小的事情，都不敢一个人作决定。这种人极度缺乏责任感，他们对自己的前途缺乏基本的判断力，完全没有自信心，因而不敢对任何事情负责任。这最终将导致他们的失败，事实上，这也是很多人失败的共同原因。

　　很多人无法成功的一个重要原因是缺乏自信，遇事畏首畏尾。这种现象在年轻人中很常见。他们凡事瞻前顾后，即使计划得十分周详也不敢有所行动，最后只能眼睁睁地看着机会溜走。就算是迈出了行动步伐的人也不敢放手去做，他们凡事都拿不定主意，总四处征询别人的意见，结果把自己弄得很累却毫无所成。

　　一个人若想让自己的品格尽善尽美，就必须克服畏首畏尾、犹豫不决的缺点。一个做事犹豫不决的人，很难准确地对事情作出分析判断，因而也不会具备坚持自我的勇气和信念。犹豫不决的人就好比失去了舵的船，完全找不到奋斗的方向。成功的彼岸对这类人而言，永远都远在天边，无法抵达。只有摆脱犹豫不决的恶习，人们才能最终赢得成功。每一位成功人士在工作时都具备直截了当、雷厉风行的风格。我们做任何事都不能马虎敷衍，必须先将事情研究清楚，做到对一切都有把握，这时应即刻着手去做。我们与人谈判时就应如此，一旦目的达成就立刻结束谈判，坚决不在只需15分钟的事上花费一个小时的时间。

任何渴望成功的人，都应从这一刻开始，拒绝拖延时间，雷厉风行地行动起来。

一个人若习惯于当机立断作出决定，没错，他们有时会在事后发现自己的决定存在错误，并因此遭受损失。但是，这种损失远远比不上他们从当机立断中获得的益处。尝试未必就能成功，但不尝试必然不能成功。

犹豫不决是走向成功的一大障碍。那些想要成功的人，不管用什么方法，都要将这个障碍清除。否则，它便会挡在你的成功大道上，让你的努力化为泡影。若你不想有朝一日被它消灭，就要趁着现在它还没有膨胀到不可控制的地步时消灭它。

　　不过，在非常复杂的情况之下，就必须考虑多方面的因素，小心谨慎地作出决定。同时要注意，不要因此错失良机。作出决定以后，便要马上付诸行动，切忌将犹豫不决的恶习带到行动的过程中。要么不做，要么做好。

　　一个人如果养成了当机立断的好习惯，那么他在任何复杂的情况面前，都能迅速作出正确的决断。但若是一个人习惯了犹豫不决，无论做什么事都下不了决心，当成功的机会到来时，总是放任其白白溜走，这样的人是难以事业有成的。

>>> 雷厉风行是精明能干之人共有的优点

　　成功的首要条件是要有目标。如果你的天赋是做鞋，那么不妨将自己的目标设定为鞋业巨子。我们要按照自己的才能优势确定奋斗目标，这样才能保证其具有可行性，达到事半功倍的效果。事实证明，目标坚定者更容易取信于人，更容易取得成功。

　　一旦目标确定了，就要立即付诸行动，切忌将犹豫不决的恶习带到行动的过程中，否则理想便将永无实现之日。

　　人生充满美丽的梦想，我们能在其中感受到生活的价值，并由此产生勇敢追求梦想的斗志。要想成功，首先要确定自己的理想。然而，只有理想是不行的，采取什么样的行动实现理想才是最关键的。在这种时候，千万不要拖延时间，应当马上展开行动，否则理想便将永无实现之日。

　　直截了当、雷厉风行是大部分精明能干之人共有的优点。他们十分珍惜时间，一秒都不允许浪费在无聊的事情上，因为这是他们眼中最宝贵的财富。很多人之所以失败，正是输在做事拖拖拉拉、延误时间上。这些人在面对机遇的时候总是反复考虑、犹豫不决，因此错失了许多有利商机。

对待工作直截了当、雷厉风行，这一点在法庭上尤其重要。很多有发展潜力的律师正是输在无法快速、明白地表述自己的观点。围绕案件最核心问题的辩论是决定这一案件胜败的关键，美国联邦最高法院的一位法官如是说。很多律师在法庭上废话连篇、列举无数事实来论证自己的观点，以此彰显案件的重要性，结果却使法官及陪审员听得晕头转向。并且，这样做也给了对方更多机会从其话语中挑毛病。法庭上的时间分分秒秒都很珍贵，不能因说废话而浪费掉。在证据充分的情况下，最好的辩护方法是将它简洁明了地阐述出来。

一个人若想取得成功，除了要头脑聪明、学识渊博、能力过人，还必须做事干脆利落。做事不干脆利落的人是难以取得成功的，因为他们不知道自身的需求，也辨认不出事情的关键所在。对此，面临就业问题的毕业生必须注意。很多人正是因为在选择工作时反复考虑、无法决断而错失了机会，这真的很可惜。他们中有些人家境殷实，父母对其期望很高，这份期望反而使他们在面临抉择时小心谨慎，最后只能遗憾地错失良机。压力太大会使人变得优柔寡断，拖来拖去也无法作出决定。所以，父母切忌给孩子施加太大压力。

不管做什么事，均需投入极大的热情才能将其做好。当一个念头刚刚在脑海中成型时，我们的热情是最高涨的。这时便需要抓紧时机，雷厉风行地采取行动。如若不然，热情便会很快冷却下去，失去了最初的动力与激情。做事拖延意味着自信心的严重匮乏和毫无节制的小心谨慎，人们的热情与创新能力将在拖延的过程中耗光，最终一事无成。

世事无常，人们成功的机会就如流星一般，如果没有及时将它抓在手中，一转眼便会失去了，到时候再后悔都已来不及。所有想要成功的人都应规划好自己的人生目标，并且雷厉风行地采取行动。只想不做是对人们精力的巨大浪费，并会严重挫伤人们的进取心。

抓住脑海中转瞬即逝的灵感对作家而言尤其重要。有经验的作家为了随时记录灵感，总是随身携带一支笔。若是在灵感到来之际，未能及时将其记录下来，对作家而言可是一笔不小的损失。

灵感对艺术家来说，也至关重要。灵感来临之际，就好比闪电骤然降临，将艺术家的生命照耀得一片光明。在灵感到来时着手创作，必将事半功倍。但这名艺术家如果办事拖拉，在灵感出现时迟迟不愿付诸行动，等到灵感消失后，就很难再捕捉到灵感的蛛丝马迹，想要借此创作出优秀的作品更成了不可能的事。转瞬即逝是灵感的天性，对此我们无计可施，唯一能做的就是在灵感消失之前抓紧行动。

希腊神话中，爱神丘比特脑海中瞬间的灵感造就了智慧女神雅典娜。雅典娜一出生就具备了美貌与智慧，堪称完美。事实上，雅典娜存在于每个人的头脑中。我们应当抓住头脑中转瞬即逝的好点子，并立即将其付诸行动。因为它在这个瞬间成功的可能性最大，这与刚出生的雅典娜是一个道理。随着时间的流逝，再完美的灵感也会褪色变质，失去了一切价值。因而，如果在理想产生的瞬间没有采取行动，以后便更难有付诸行动的动力。拖延时间是人们普遍存在的恶习。当遇到问题时，习惯拖拖拉拉，从来不会马上采取行动解决，这种人是生活的弱者，他们欠缺成功者必备的坚定意志，所以失败便成为了他们的必然结局。

今天的任务就要今天完成，不要总是拖延到明天。明日复明日，明日何其多？更何况，谁又能知道明天会出现什么意外状况，是否还有机会做完今天未竟之事？我们应当提前做好工作计划，控制好每天的工作进程。要掌控自己的命运，争取最后的成功，就必须要做到今日事今日毕，无论如何都不能拖延时间。

拖延会造成人们精力的浪费。与其将精力浪费在拖拖拉拉、迟迟疑疑的过程中，不如马上投身工作，将今天的任务完成，避免拖延到明天。任何工作都是越拖越糟。因为在最初我们对工作的热情还处在高涨的阶段，这种热情能使我们在艰苦的工作中挖掘到无穷的乐趣。随着时间的推移，热情一天天冷却下去，到了那时便很难再全身心投入工作，将其做到尽善尽美了。

做事拖拉的恶习对人们的影响同样不可小觑。现实生活中经常会有很多意外事件发生，我们要想有足够的时间和精力去应对它们，就必须先抓紧时间做好手头的事情。做事三心二意，敷衍塞责，唯一的结局便是失败。很多失败者将自己失败的原因归咎于时运不济，殊不知真正的原因在于他们自身。有些失败者永远精神委靡，有些失败者永远找不到奋斗的方向，有些失败者则永远浅尝辄止，半途而废。一个人若终日精神倦怠，做任何事都习惯拖拖拉拉，便会对他塑造良好的品格造成极大的障碍。长此以往，他的精神世界将陷入泥泞沼泽，无法自拔。

　　一名记者曾到监狱对其中的犯人进行过一项调查，结果发现，很多犯人之所以会沦落到今天的地步，是因为他们有一个共同的缺陷：做事拖拖拉拉。一个做事追求完美的人，不管什么事都会尽心尽力做到最好。如此一来，他便不会有太多多余的精力去考虑其他。反观那些做事习惯拖拖拉拉的人，工作对他们而言是能拖就拖。在大多数时间，他们都无所事事，因而更容易染上恶习，甚至走上犯罪的不归路。

　　鞋匠赛缪尔·德鲁每天白天都忙着跟人讨论时政，到了晚上才开始工作。一天，他的店门前跑来一个男孩，大声嚷道："鞋匠鞋匠，白天不做事，夜里忙得慌！"有人问赛缪尔·德鲁说："那个孩子这样调侃你，你难道不想揍他一顿吗？""我感谢他还来不及，怎么会揍他呢？他说的确实是事实啊！一语惊醒梦中人，我决定以后再也不拖拖拉拉，等到晚上才开始工作了！"他说到做到，从此白天专心工作，再也不跟人讨论什么时政了。一份付出，一份收获，他店铺里的生意一天比一天好起来。

　　所有想要成功的人，都应避免做事拖拖拉拉。有这种恶习的人，往往从很小的时候就开始对所有事采取敷衍的态度。

无论是读书还是考试，都是敷衍了事。等到他们糊里糊涂毕了业，找到工作后，这种恶习仍在继续发挥作用，以致他们的工作漏洞百出，毫无条理，一塌糊涂。功成名就对这样的人而言，几乎没有实现的可能。

当心你身边那些做事拖拖拉拉的人，因为他的这个缺陷极有可能会传染给你。生活对于那些做事拖拉的人而言，就好比一团永远理不清的毛线。他们永远不记得自己把东西放到了什么地方，永远都在需要时抓狂。这种恶习，很多时候连他们自己都受不了。假如这样的人身居高位，便难免会对其管理的员工造成严重影响，在公司内部形成凡事拖延的恶劣风气，对整个公司的发展造成不可估量的损失。因此，我们必须要提高警惕，小心提防，切忌不可让小缺陷影响到全局。

成功的商人及工程师绝不会把时间花在闲聊上，他们认为这是在浪费自己的宝贵时间。要想顺利地走向成功，就必须尽量避免在与人交谈时啰唆且主题不明确。这样的人不招人待见，终其一生都难有建树，即使具备过人的见识与能力也没有用武之地。

人们时常会因为拖延时间而损失惨重，美国独立战争时期的凯撒就是其中的典型。在与华盛顿的战争中，凯撒带领的军队全军覆没，他自己也命丧黄泉，英明尽毁，原因很简单，就是他未能及时看到前线送回的情报。当情报送到时，凯撒正在玩牌，无心看情报，信手便将它塞入了口袋。后来等他想起这回事，再看情报时，却已贻误军机。华盛顿的军队已攻到眼前，再怎样反抗都是徒劳。凯撒最终为自己拖延时间的恶习付出了最昂贵的代价——自己和数万士兵的性命。面对这样血淋淋的事实，我们应当从中吸取教训，避免类似的失败。

身体不舒服时，不要想着忍一忍就会自动痊愈。讳疾忌医要不得，及时去看医生才是正确的选择。千万别等病情到了不可收拾的地步，再后悔不迭。

拖延时间会为人们带来巨大的损失。人们在拖延时间的过程中，办事能力会越来越差，前进的脚步会越来越慢，精神状态也会越来越松懈。每个人都应避免拖延时间。振作起来，打败体内蠢蠢欲动的拖延恶习，立即采取行动。要改正凡事拖延的恶习，这就是最好的方法。拖延是成功的大敌，我们所有的热忱、精力与美好的品格都会在拖延的过程中毁灭殆尽，使得我们终生束手束脚，一事无成。

>>> 生活在于行动，不行动就等于死亡

　　人类的性格缺陷，如懦弱、迟疑等都是成功的大敌。要摆脱它们，便不能为自己留有任何退路。一旦果断地采取了行动，就要坚定不移地将其做到底。这样一来，不管在前进的道路上遇到多少艰难险阻，都不会再胆怯退缩。所有成功者都是有决心的人。一个人在下定决心之后，自信与潜能都会随之被发掘出来，促使其不断向成功迈进。

　　在做事之前犹犹豫豫，在采取行动之后又习惯给自己留退路，是许多人（特别是年轻人）的习惯，情况严重者甚至已经到了不可救药的地步。这些人应当认识到这样一点：一个人只有在失去所有退路之后才能拥有所向无敌的自信心，而追求成功的勇气与意念皆来自这份超人的自信。有了它，人们便拥有了足够强大的力量，能战胜所有会对成功产生阻挠的缺陷，例如做事犹豫、不思进取等。

　　在作出决定之前，应当竭尽所能，权衡利弊，找出最正确

的道路。所有鲁莽草率的决定，都将导致失败，在这个决定指导下实施的一切行动都是徒劳。这是所有习惯不给自己留退路的人都明白的道理。因此，智者们总是将大量精力倾注于决策本身，力求作出最正确的判断。所有想要成功的人都应努力做到这一点。

一旦作出决定，就要果断地行动起来，并且义无反顾地坚持到底。若是给自己留了退路，总觉得这条路就算走不通也无所谓，那么你就不可能在行动中不遗余力，如此一来，便很难取得成功。

凯撒大帝在公元前1世纪率军渡海征讨英格兰。为表明决心，他在抵达英格兰后将他们乘坐的所有的船当着全体将士的面烧毁。这个破釜沉舟的果断行动取得了良好的成效，当年他们的军队大获全胜。

不过，有些人虽然也会果断地采取行动，但是如果他们在前进的道路上遇到了挫折，马上就会丧失信心，匆匆忙忙躲避到事先准备好的退路上去。成功对于这类人而言，常常都是可望而不可即的。而斩断了一切退路的将士就不同了，他们唯一的选择就是奋勇作战，不惜一切代价争取胜利。这一点对人生同样适用。一个痛下决心斩断自己所有退路的人，方能在追求成功的道路上一往无前，坚持到底。成功从来不会青睐于那些意志不坚、左摇右摆、事事不忘留下退路的人们。

想要成功吗？那就别再瞻前顾后了，马上行动吧！如果你不想给将来造成遗憾，行动就是唯一的选择。在行动的过程中，你会发现自己有很多不足，这时就需要努力学习他人的长处，弥补自己的短处。持续不断地努力学习可以弥合一切，包括勇气的匮乏，自信心的流失，忍耐力的欠缺，理智的不足，等等。时刻要谨记一点，自己本身已经拥有了成功的潜能，只要努力将其发挥出来，就一定可以获得成功。这个过程也许会很漫长，但是不要放弃，你会在其中逐渐体会到自己的进步，无论是在才能方面还是在品性方面。

第四章

热情是你成功的催化剂

最能让人快速成功的是一个人内心的热情，它能使人变得积极、乐观、勇敢、坚强，这是没人可以帮你做到的。如同体育竞技一样，如果一个人对比赛没有热情，即使拿到过冠军，也很难再次卫冕。但是，只要一个人充满热情，不抛弃，不放弃，下定决心，不光是体育竞技，面临生活中其他事情时，只要有热情也都能做成功。热情，就如同成功的催化剂一般，所以，我们应以饱满的热情对待自己的生活和工作。

>>> 想取得一番成就，热情必不可少

　　所有的艺术家或文学家在创作伟大的作品时，都会被极为强烈的热情驱使，终日寝不安席，食不知味，等到将所有的灵感都通过作品表达出来时，才能得到安然休憩。狄更斯说，自己在构思每一篇小说时，都会被其中的情节纠缠得异常痛苦，吃不下，睡不好。等到整篇小说完成时，这种情况才会告一段落。他曾试过整整一个月困在家中，只为斟酌该如何描绘小说中的某个场景。这段时期结束以后，他再出门时，看起来就如同生了一场大病，憔悴得吓人。

　　盖思特首次登台时，便给人一种耳目一新的感觉。这时的她不过是个无名的新人，却凭借着自己在演唱时投入的巨大热情，吸引了大批观众。对于唱歌，她有着无比狂烈的热情，不惜将所有精力都倾注于此，以求提升歌唱技巧。她演唱的时间还不满一周，便成功征服了所有观众，从此走上了独立发展的道路。

　　闻名遐迩的女歌唱家马莉布兰能从低音D接连升3个八度到达高音D，对此一名评论家极为赞赏。马莉布兰说："为了能做到这一点，我可是花了不少心血呢！有一段时期，我无时无刻不在想着怎么发出这个音来，穿衣服的时候，梳头发的时候，穿鞋子的时候都在思考这个问题。后来总算在穿鞋时找到了灵感，这可足足花了我一周的时间呢！"

　　杰出的演员嘉里科同样对自己的工作倾注了极大热情。有一回，他被一位不得志的牧师追问，如何才能吸引观众的注意力。嘉里科说："我们之间有着很大的不同。面对观众时，我讲的都是些虚构的台词，而你讲的却是颠扑不破的真理。为了取信于观众，我在说这些台词时，必须先从内心深处坚信它们全都是事实。你跟我却正好相反，你在讲那些真理时，态度含混，似乎连自己都不确认它们是否真理，别人又如何相信你呢？"

　　爱默生曾说过："热情创造了人类史上所有伟大的事件。举例来说，阿拉伯人在穆罕默德的领导下，不过只经历了几年时间，就建造了一个强大的国家，其疆域甚至超出了伟大的罗马帝国。因为有坚定的信念支撑着他们的军队，纵使他们没有盔甲装备，也能与正规骑兵一较高下。甚至连女性也与男性一同上阵杀敌，将罗马军队打得落花流水。他们的首领有着极高的威信，只要用手杖在地上敲一下，所有臣民便无人敢提出异议。他们的军队纪律极为严明，可以说是秋毫无犯，只靠自身落后的武器装备以及紧缺的粮草供应支撑到最后，在亚洲、非洲，以及欧洲的西班牙开拓了大片的疆土。"

若人们能够集中全部精力，调动所有细胞，竭尽所能达成自己渴求的胜利，那么就可以说他已经拥有了极大的热情。在创作《巴黎圣母院》的过程中，维克多·雨果正是在这种超凡的热情驱使下，将所有外套都锁起来，禁止自己外出，以求能全心全意地完成自己的工作。最终他依靠着这种热情，完成了这本旷世名著。

为了研究解剖学，伟大的雕塑大师米开朗琪罗足足耗费了12年的时光，并险些搭上了自己的健康。然而，有付出必有收获。这12年的艰苦训练，为他日后所取得的伟大成就打下了坚实的基础。之后，他每次进行人体雕塑时，首先思考的便是骨架，其次才是肌肉、脂肪、皮肤。相较于这些，倍受他人重视的服饰反而成了他最后才会思考的问题。在创作的过程中，他会将所有雕刻工具，如凿子、钳子、锉刀等全都用到。至于颜料方面的准备工作，他也决不允许他人插手，从颜料的选择到调配全都由自己亲力亲为。

英国著名作家班扬的生活一直十分贫困，但他却对宗教有着极大的热情，一直坚持布道。小时候，他曾上过学，但是学到的一点知识却在成年后全都被抛诸脑后，只能借助妻子的帮助，重新开始一点一滴地学习累积。凭借着自己对于宗教信仰的巨大热情，他最后终于写出了传世巨著《天路历程》。

英国作家查尔斯·金思立曾这样写道："对于年轻人们表现出来的巨大的热情，人们总是一面笑着赞赏，一面在心底反思，为何自己年轻时的热情一去不复返？他们在遗憾与不解的同时，并没有发觉，这种热情的遗失很大程度上是由自己一手造成的。"

但丁的满腔热情留给了后人庞大的精神遗产。丁尼生凭借自己的热情，在18岁时就已创作出自己的第一部作品，19岁便获得了剑桥金质奖章。

英国作家洛斯金说："无论是在哪个艺术领域，最美好的成就都是由年轻人们一手打造出来的。"英国政治家迪斯雷里也说："所有惊世骇俗的壮举都是饱含热情的年轻人们创造的。"美国政治家特琅布尔博士则说："上帝统领着整个世界，年轻人们亲力亲为创造了这个世界。"

伟大的艺术家在创作时饱含的热情会在其作品中展露无遗，无论是当时还是后世的欣赏者都会在其中感受到一种神秘的氛围，令人仿佛置身于作者当时所处的浓厚的创作氛围之中。为贝多芬创作传记的作家，曾经写过下面一件事：

冬夜，我们沐浴着银灰色的月光，行走在波恩的一条窄巷中。在经过一间小屋时，贝多芬忽然叫我停住脚步，说道："是谁在弹奏我的F大调奏鸣曲，听，弹得真好呀！"

当乐曲就要终结时，琴声一下停住了，有人呜呜咽咽道："我弹不下去了，这么好的曲子，我却没能力弹好它。如果我们能去科隆听一听音乐会上的现场演奏就好了。"

"妹妹，别这样了！"另一个声音对她说，"现在我们连房租都交不起了，怎么还能去听音乐会呢？"

他的妹妹应道："我也明白这是不可能实现的。我只是在心里想象一下，若真能去听音乐会该是件多么美妙的事呀！"

这时，贝多芬对我说："走，我们进去看看到底是什么情况！"

"我们进去能做什么？"我反问他。

"我要亲自为她演奏！她是我的知音，她真正了解我的音乐，并深爱它们，所以我一定要亲自为她演奏几支乐曲！"这样说着，贝多芬已经打开门进去了。

小小的房间里，只见一名年轻男子正坐在桌子旁边补鞋。另有一位年轻姑娘，神情哀伤地倚靠着一架陈旧的老式钢琴。贝多芬说："打扰你们了。我在外面听到琴声，便不由自主地走了进来。不好意思，刚刚我不小心听到了你们谈话的内容。你们说想听一下真正的现场演奏，正好我是一名乐师，就让我来为你们弹奏几支乐曲怎么样？"

补鞋的年轻人说道："谢谢您的好意！可是我们家的钢琴太差劲了，更何况，我们两个对音乐也根本没什么了解。""怎么可能？"贝多芬吃惊地叫起来，"这位小姐……啊……"到这时，他才发觉那个年轻姑娘居然是个盲人，极度惊讶之下，不禁有点张口结舌。他努力稳定了一下情绪，才又说道："真是不好意思，我太冒昧了。这么说您是完全靠听觉学习音乐的，对吗？可是刚刚听您说过，您并没有去听过音乐会，那么您是从什么途径学来的这些音乐呢？"

姑娘说道："先前我们曾在布鲁塞尔住过两年时间。在那段期间，附近有位夫人时常弹奏钢琴。夏天，她总是开着窗，我便到她的窗下听她弹钢琴，就这样学会了这些曲子。"

听了她的话，贝多芬便来到钢琴面前坐下，开始弹奏。我从未见过贝多芬像今天这般全身心投入去弹奏一支曲子，连那架陈旧的钢琴都像是被他的激情点燃了。在悠扬的乐曲声中，那对兄妹完全沉醉了。忽然之间，房间里唯一的蜡烛熄灭了，月光透过窗户照入房间，倾洒了一地。贝多芬骤然停下来，埋头苦思起来。

"简直太不可思议了！"年轻人低声赞叹起来，"请问您到底是谁？""你仔细听听。"贝多芬一面说着，一面又弹奏起F大调奏鸣曲一开始的几小节。年轻人忽然反应过来，惊喜地叫道："您是贝多芬！"这时，贝多芬已经起身，看样子是要离开了，年轻人急忙挽留道："请您再为我们弹一支曲子吧！"

贝多芬说道："我马上要以月光为题创作一首奏鸣曲。"他专注地望着深蓝的天幕，寒冷的冬夜，万里无云，唯见一片星光灿烂。他望了一会儿，又坐回钢琴旁边，开始弹奏一支崭新的乐曲，其中浸透着浓浓的哀伤与深深的爱意。紧接着是一段三拍的过门，轻灵优美，仿佛美丽的仙女在翩翩起舞。最后是激烈奔放的尾声，紧张得扣人心弦，让人情不自禁地产生一种感觉，觉得像在被某种未知的恐慌带离现实，身心与奇妙的幻想融为一体。

　　一曲终结，贝多芬站起身来与他们道别，随即走向门口。"您还会再来吗？"两兄妹不约而同地问道。"我会再来帮忙指导这位小姐，"贝多芬匆匆说道，"但是现在我必须得离开了。"接着，他转而又对我说："趁着这支曲子我现在还能记得住，我们一定要快些回去，把它写下来。"于是，我们急忙赶了回去。在黎明到来时，贝多芬终于将《月光奏鸣曲》的曲谱完整记录了下来。

　　由此可见，要想取得一番成就，热情必不可少。

>>> 最大的成功属于有才能且有热情的人

莎士比亚说:"从事极为辛苦的工作,能带给人莫大的快乐。"

罗威尔说:"一个人能否为真理作出最彻底的牺牲,是证明其人品正直与否的唯一标准。真正彻底的牺牲并不是随口一说,或是物质上的付出,而是不惜牺牲生活的全部,心甘情愿地对自己所信奉的真理俯首称臣。"

菲利普斯·布鲁克斯说:"每个人都应对那些能够充实我们生活的美好事物怀有高度的热情。对那些无上高贵,能为我们带来骄傲与荣耀的事物怀有深深的敬慕。永远都不要让自己的热情冷却。"

巴黎一间美术馆中,摆放着一尊出自一位无名艺术家之手的美丽雕塑。这名艺术家的生活极为穷苦,工作场所就是阁楼上的一个小房间。有一天,这座城市的气温突然降至零度以下,而他这件作品的黏土模型眼看就要完成了。为了不让模型裂缝里的水受冷结冰，扭曲了整个雕塑的形状，艺术家于是脱下自己的衣服帮雕塑保暖。第二天早上，艺术家被冻死了，幸而他的模型完整保存了下来。后来，人们根据他的模型创意，创作了这尊美丽的大理石雕像。

亨利·科莱是美国著名的政治家，他曾说："每当有至关紧要的事件发生时，我都会忘却周围的一切，将所有精力都倾注于这一件事，完全不理会其他人对此作何反应。在那段时间，我完全感受不到时间的流逝，外界环境的变化，身边人的意见。"

有位出色的金融家说："在一名连做梦都在想着如何经营管理好银行的总裁领导下，一家银行才有可能成为同行之中的佼佼者。"只要倾注了百分之百的热情，再乏味无趣的工作也会变得异常吸引人。

热恋中的人们感觉会比旁人更加敏锐，能够观察到自己恋人身上不为人知的长处。同理，被强大的热情驱使的人们，感觉也会敏锐得超出常人。他们总会在痛苦之中发掘出被其他人忽视的美好，不管工作多么枯燥，生活多么贫困，前进的道路多么艰难，他人对自己施加的压迫多么强烈，都不会损害他们对工作和生活的巨大热情。

作为英国著名的政治家，格莱斯顿曾说："激发出孩子们体内隐藏的巨大热情，是人世间意义最为重大的一件事。"所有孩子体内都隐藏着成功的潜能，不管是聪明的孩子，还是迟钝的孩子，无一例外。只要能激发起他们的热情，就连那些颇显迟钝的孩子也会发挥出巨大的潜能，在成功的道路上势如破竹。

发动一场战争，一般人会准备一年的时间，而拿破仑只需准备两周。拿破仑对于战争非凡的热情，造就了这种巨大的差别。他曾率军翻越阿尔卑斯山打败了奥地利人，奥地利人在惨败之际，对自己的敌人发出了这样的惊叹："他们根本就不是人，而是会飞的猛兽！"首次远征意大利时，拿破仑在15天内连胜6场，将彼得蒙特地区拿下，并缴获军旗21面，大炮55门，战俘15000人。对此，一名战败的奥地利将领愤然说道："这名指挥官年纪轻轻，有勇无谋，一切全凭自己的直觉，根本不理会用兵之道，简直是个军事白痴！"然而，拿破仑手下的士兵却并不在乎这些。他们从来不担心失败，只是一门心思怀着无比巨大的热情，在指挥官的领导下勇往直前，百战百胜。

闻名于世的大将军波伊德说过："在战争中，能否全心全意地投入作战是一支军队取胜的关键所在。这是被无数重大战役检验过的真理。"

纳尔逊是英国一名出色的海军将领。有一次，他在战争中陷入险境时，曾发出这样的感叹："若是我在这次的事件中不幸遇险，人们将会在我的心上发现'急需军舰'这四个大字。"

身为法国伟大的民族英雄，圣女贞德利用自己无比坚定的信念，以圣剑与圣旗激发了法国军队对赢取胜利的巨大热情。这是连法国国王与朝中重臣都难以完成的任务，圣女贞德却做到了。最终凭借着这种热情，法国军队一路过五关斩六将，赢取了伟大的胜利。

科里斯托夫·雷恩小时候身体非常虚弱，父母对此很是忧心。然而，他成年之后却精力旺盛，直到晚年依然精神矍铄，一直活到90多岁才去世。正是他对建筑行业无比强烈的热情才赐予了他充沛的活力，完成了无数伟大的建筑作品。

人类热情的缺失将为其带来巨大的损失，军队在战争中难以取得胜利，艺术家在创作中难以有流芳百世的佳作问世。人世间将再也不会出现动人的乐曲，优美的诗歌，恢弘的建筑。人们将无力去利用自然，改造自然，无力对社会的发展作出应有的贡献。反之，巨大的热情会创造前所未有的奇迹。它使得伽利略发明了望远镜，让全世界都涌到眼前来；它使得哥伦布战胜重重危难，最终能尽情在巴拿马群岛凉爽的清风中沐浴徜徉。有了热情的帮助，人们才赢得了自由，才创造出无数文明成果，引领人类社会发展到今天的地步。所有伟大的作家，如莎士比亚、弥尔顿等人，也都是在热情的驱使下，才创作出了人类文明史上的传世佳作。

美国杰出的社会活动家迪克·格里高历曾说："世间最大的成功属于那些才能出众，并且对自己的工作拥有巨大热情的人们。"

>>> 让人高效工作的最大动力就是热情

萨尔威尼也说："能让人们高效工作的最大动力就是热情。"

矢志不渝地追求自己的理想，是美国人的天性。这种执著的品性在50年前尚未出现，直到今天仍未获得全球普及，但在美利坚与澳大利亚却广泛流传开来。这两个国家的人们都坚信：只有将全部热情都倾注于同一件事，才有获得成功的可能。眼下，这种从前只有少数伟人才持有的信念得到了越来越多的民族的肯定，成为促使其不断走向进步的一大动力。

三个人在做游戏，游戏规则是，在纸上写出自己最喜欢的朋友的名字，并要对喜欢他的缘由作出相应的解释。

第一个人对自己的答案给出了这样的解释："他为人积极乐观，活泼开朗，每次见到他都精神奕奕，让周围的人对生活都充满了希望。"

第二个人的解释是："无论做什么事，他都会竭尽所能做到最好。"

第三个人的解释则是："他在做所有事情时都能倾注全部精力。"

这三个人都在英国几家大型杂志社中担任记者的职位，他们相交满天下，足迹差不多遍布全球。在大家的答案都公布以后，他们赫然发现三人最喜欢的朋友竟然是同一人——澳大利亚墨尔本市的一名出色的律师。

要用思想点燃人们内心深处的生命之火，便一定要以巨大的热情，充满人性的语言将这种思想表达出来。在古老的传说中，弗里吉亚国王格尔底专门打造了一个难以解开的结，由征服亚洲的勇士亲自来解，结果多年未能如愿。终于，这个难解之结被年轻热情的马其顿国王亚历山大挥剑斩断。

没有人能抗拒一个热情满溢的年轻人。这些年轻人坚信自己拥有光明的前程，即便中间遇到挫败，也只是暂时的，很快便可以雨过天晴，迎来更辉煌的未来。"失败"一词从来不会在他们的字典里出现。在他们看来，自己就是全世界最伟大的中心，之前人类所经历的一切发展历程，全都是为自己的诞生而做的准备。

年轻的赫拉克勒斯正是凭借着无人能及的热情，才最终完成了12项英雄伟绩。年轻的人们永远充满热情，面朝阳光，让影子落在背后。相对于受理智支配的中年人，他们完全听命于自己的心意。在欧洲文明的萌芽阶段，亚洲人大举入侵，最终战胜他们，保卫本国疆土的正是年轻的亚历山大。在将整个意大利攻陷时，拿破仑还是个25岁的小伙子。那些英年早逝的伟人们，诸如在37岁时便已离世的拉斐尔和拜伦，25岁离世的济慈，29岁离世的雪莱等，都是在年纪轻轻时便已享誉盛名。20岁时，罗慕路斯便创造出了罗马；还未成年之际，皮特和波林布鲁克便已在政府中出任要职；未满25岁，牛顿便已有了多项备受瞩目的发现；25岁时，马丁·路德便在政治改革方面建立了不朽的功绩；21岁时，查特敦的才华在所有英国诗人之中已无人能及；还在牛津读书时，怀特菲尔德和卫斯理便发动了声势浩大的宗教复兴运动，未满24岁，怀特菲尔德的大名便已传遍英国；15岁时，维克多·雨果已经开始写作悲剧，未满20岁，便已斩获法兰西学院的3项大奖，被人尊称为"大师"。

无数伟人都未能活到40岁，但其成就却彪炳千古。现代社会是由饱含热情的年轻人统率的时代，相较于以前的年轻人，他们拥有更多成功的机会。无上的热情会驱使他们努力拼搏，最终走向成功，让所有平庸小卒都甘心拜服在自己脚下。

热情并非年轻人的专利，即便是老年人也应该对生活充满热情。格莱斯顿在80岁时，仍然握有强大的权力，对整个国家都有着无可比拟的巨大影响力。相对于那些激情四射的年轻人，他无疑拥有更大的热情与活力。老年人所能获得的尊敬，源自他对生活的热情。面对一个白发苍苍却依然以饱满的热情迎接每一天的老年人，试问谁能不对他持有深深的敬意？

伟大的诗人荷马在年纪老迈且双目失明之际，仍然坚持创作了流芳百世的史诗巨著《奥赛罗》。一位隐居世外的老人彼得，以自己的热情感染了英国骑兵，使他们重拾斗志，打败了伊斯兰军队。80岁的惠灵顿将军，依旧时常参与军事要塞的规划修建与视察工作。身为威尼斯总督，已是95岁高龄的当多罗照旧征战沙场，所向无敌，96岁时，人们推举他做国王，遭到了他的拒绝。在弥留之际，英国哲学家培根，德国著名的学者洪保依然在潜心学习。晚年中风的著名思想家蒙田，始终保持着对生活的高度热情，思维敏捷，反应迅速。

58岁时，笛福才写成了《鲁滨逊漂流记》；近70岁时，伽利略才将自己研究的运动定律撰写成了文字；75岁时，约翰逊博士才完成了自己最优秀的作品《诗人列传》；81岁去世前夕，柏拉图仍在坚持写作；83岁时，牛顿还给自己的《原理》

一书写了新提要；86岁时，汤姆·思科特才开始学习希伯莱语；85岁时，詹姆士·瓦特还在坚持学习德语；89岁时，萨莫威尔夫人才完成了《分子和微观科学》；90岁时，洪保在离世的前一个月写成了《宇宙论》。

35岁时，柏科才当选为国会议员，后来其影响力遍及整个世界；40岁时，格兰特尚是一名无名小卒，42岁时，已一跃成为闻名于世的大将军；23岁时，艾里·惠特尼在开始读大学，30岁时，他自耶鲁毕业，但这并不妨碍他发明出造福整个南方工业的轧棉机。

75岁时，帕默斯顿第二次出任首相一职，最终在81岁于任职期间去世。77岁时，伽利略的身体状况非常差，双眼也几乎已经看不见东西了，就是在这种情况下，他依然坚持工作。成年后的乔治·史蒂芬森才开始学习写字。过了70岁，惠蒂埃、朗费罗、丁尼圣的很多巨著才开始落笔，并最终圆满完成。

63岁时，英国诗人德莱敦才开始翻译维吉尔的《埃涅伊特》；60岁以后，罗伯特·霍尔才开始学习意大利文，只为能阅读但丁的原著；50岁过后，著名的词典编纂家挪亚·威博斯特又掌握了17种语言。

西塞罗说过："人就好比酒一样，美酒会历久弥香，而劣酒一旦存放时间长了，便会变质，发出一股恶臭。我们要想做一瓶美酒，便要对世间万物保持巨大的热情。就好比北欧的土地被墨西哥湾涌来的大西洋暖流润湿一样，热情会帮助我们持续滋润自己的心灵，即便到了白发苍苍的老年时代，依然能维持一颗年轻向上的心。问问你自己的心，是不是已经垂垂老矣？假如答案是肯定的，试问你如何还能利用这样一颗心去争取事业的成功？"

>>> 如何在社交活动中胜出

在社交生活中，最受欢迎的是能给大家带来欢乐的人。在切斯特菲尔德勋爵看来，这种可以带给他人欢乐的能力是一种最宝贵、稀有的财富。成为一名受欢迎的人是社交活动中最重要的事。获得欢迎的前提条件是我们的谈吐必须风趣幽默，这样才能引起他人的注意。否则，人们会像躲避洪水猛兽一样对你敬而远之，那么你的目的也就很难达成。人们都喜欢那些性格活泼、乐观、热心的人，因为这些人可以给周围的人带来欢声笑语、阳光和颂歌。

要想在社交活动中胜出，我们首先要努力赢得他人的兴趣。值得注意的是，这种兴趣必须是发自内心的。切勿矫揉造作，这样只会招致他人的反感。与人交流时，让对方感觉到你对他及他提到的每件事都非常感兴趣，这是最好的可以使人与你交心的方式。这一准则对世界上所有人都适用，特别是刚踏入社会的年轻人。

　　社交活动中的事都是相对的，你拒绝别人的同时，别人也可以拒绝你。在这种场合切忌只谈论自己、一味地回忆自己光荣的过去。因为这样做只会使人产生压迫感，而没有任何愉悦感可言，人们会远远躲开。

　　追求阳光和欢乐，远离阴霾和忧伤，是人类的天性。愉快、和气的脸人人都爱，而总是满脸忧郁不可能受到周围人的欢迎。

　　那些没有趣味的人，会令与他相处的人感到痛苦，仅仅是见面时的互相问候就让人无法忍受，与之交谈时感觉更甚，因为人们完全不明白他们究竟想表达一个什么主题。

　　很多人把优雅的举止看做一种矫揉造作之举。他们认为不加修饰的人性才是最美的人性，就像天然去雕饰的钻石才是最美的钻石一样。在他们眼中，真诚之人应该是直截了当的，而热爱真理的人必然会有所成就、受人敬仰，即使他们的外表再粗俗也不会对此产生影响。虽然他们的这种见解也有可取之处，但是他们忽略了一点。外表粗俗之人，即使如璞玉一般价值连城，但未经雕饰的璞玉没有人会愿意佩戴。因为再罕有的玉石在没有经过雕饰前是显现不出其价值的，常人的眼光不可能分辨得出它和普通玉石的区别。雕饰的精密程度也会对它的价值产生一定的影响。

如果一个人高贵优雅的品质因为他外表的粗俗而不被人发现，这是非常令人惋惜的，并且他们自身的价值也会因为外表的粗俗而降低。通常只有观察敏锐的聪明人才能发现他们内在的价值，其他人不留意的话根本不会发现。这就好比璞玉，它们只有在经过精雕细琢后才能得到广泛的认可，外形粗糙的璞玉是不易被接受的。对于有才华的人，良好的修养、惹人喜爱的性格和优雅的举止会使他的价值增长上千倍。

第一印象往往如同烙印一般根深蒂固，难以改变，不管是好的还是坏的，均如此。当然，在交往中，仅凭第一印象来判断一个人的品性是非常片面的，也不可取。只有当我们对一个人有了深入的了解后，才能全面客观地对其作出评判。可是事实上，我们的大脑会在遇到初次见面的人时飞速运转并进行计算，而这一点我们并不知情。当我们集中精力观察对方并快速地对其作出判断时，身上所有的细胞都处在高度紧张状态。大脑会迅速地根据对方的言行举止，经过紧张的计算得出结果。我们对人的初步判断就是这样得出的，整个过程都在瞬间完成，但对我们的影响却极大，很难彻底忘掉这种对人的第一印象。

我们往往需要花费大量的时间与精力，用来弥补留给别人的不好的第一印象。我们甚至因为留给对方恶劣的印象而必须写信向对方道歉，但结果却收效甚微。之后的道歉及努力产生的影响，根本无法同强烈的第一印象相提并论。第一印象已经牢牢地扎根于脑海中，之后再如何努力改变都于事无补。所以，事业刚刚起步的年轻人必须特别注意，一定要给初次见面的人留下良好的印象。如果给人留下不好的印象，就会使你的事业在起步阶段即遇到障碍，更不要提长期发展了。

真正的男子汉必定会给人留下良好的第一印象，因为他们品格高尚、光明正直。这些明显的性格特征犹如灯塔，引导人生之船顺利地航行于浩瀚之海。得体的仪表和优雅的举止能从侧面反映出你真实的涵养，也能为你赢得世人的信任。

很多人不知道自己为何会不受欢迎。在社交活动中大家总对他敬而远之，他只能伤感地独自坐在角落里，看别人愉快地嬉戏、聊天。他即使能找到话题加入到谈话中，也很快会被再次排除在外，就好像有外力将他拉离这个谈话圈子。他们似乎命中注定要过着向隅而泣的生活。他们既无法邀请别人，也很少被别人邀请。他们毫无魅力可言，甚至犹如冰柱般使人得不到一点温暖。

有一位男士就是如此。他是一个很有才华、工作认真的人。他渴望在工作之余能放松一下，但事与愿违，他在生活中总是不受欢迎，找不到一点乐趣。对此他十分苦恼，因为许多能力远不如他的人却能在社交活动中如鱼得水。之所以会这样，从根本上说是因为他的自私，但遗憾的是他自己并没有意识到这一点。他的心中只有自己，考虑问题也总是站在自己的立场上。他对除自己以外的事全都漠不关心，从不会关注他人的喜怒哀乐。他在谈话时总是将话题围绕着自己，而这种行为是很令人反感的。

他在社交活动中失败的另一个重要原因是不会散发自己的魅力。其实人就好比磁铁，它的磁性来源于我们的思想和动机。而斤斤计较和投机取巧会使这块磁铁的磁性变得只针对自己，这使得我们除了自己，谁也吸引不了。现实生活中有很多这种错误的例子。有人只释放能吸引金钱的磁性，有人只释放能吸引权势的磁性，他们眼中只剩下金钱和权势。这种磁性如果太强，会使人腐朽堕落。

生活中还有些人却恰好同上述之人相反。他们心灵美好、性格完美，能使每一个与之相处过的人自发地维持优雅从容的举止。他们极具亲和力，使得所有人都爱戴、尊敬他们。因为他们心怀天下，对周围所有人都充满爱，所以他们也得到周围所有人的爱与尊敬。他们以广阔的胸怀祝福着所有人，如磁铁般吸引着形形色色的人们围绕在身边。

我们在观察人群时，下意识地便可找出那些具备主流品质的人。我们可以透过一个人的言行举止来对他的品行、为人作出推断。他可能孤高自大、清高傲慢，也可能孤独寂寞、超脱世俗；他可能慈祥仁爱、胸襟坦荡，也可能甜美清纯、活泼可爱。不同的人有不同的气质，我们会根据自己的观察选择值得交往的朋友。因此，养成优雅的举止和惹人喜爱的品质可以帮助我们交到更多的朋友。

冷酷乖张、严重以自我为中心的人毫无魅力，他们不受欢迎，总是遭到别人的厌恶与排斥，没人爱也没人愿意接近。那么究竟成为什么样的人才能有魅力呢？对世人皆怀有仁爱之心的人就是极具魅力的。这样的人会受到异于常人的欢迎，人人都想和他交谈，并对他兴趣浓厚，总是像谈论所崇拜的英雄似的时时谈论着他。只有先付出自己真心的爱，才能获得他人的爱与帮助，这个道理对每个人都适用。爱使我们消除隔阂，抛弃自私自利的念头，使我们的生活平静祥和。我们对他人的爱与尊重应及时表达，努力做个有趣味的人。真心热爱他人的人必定会广受欢迎，得到他人的热爱。

一个人的声音是否优美动听，也是决定他能否在社交活动中受到欢迎的关键因素。

"即使身处黑暗的房间中，我也能根据周围的人的声音判断出他的人品，是温文尔雅还是凶神恶煞。"托马斯·希金森这样说道。

据说在埃及古代的审判中，为了保证法律的公正，防止法官被犯人的言语所蛊惑，犯人只能通过书面形式为自己辩护。并且主持审判的大法官在宣布判决结果时必须言语简洁。我们从这一点就能看出话语的作用之大。

人类的声音具有如此神奇、伟大的力量，这一点难道不会令你心动，想要让自己的孩子也拥有这种力量吗？不让孩子接受一点语言方面的训练，这种做法是对父母本身的一种侮辱，甚至可以说是一种犯罪。当我们看到一个受到最好教育的可爱的孩子，却无法用语言将自己的想法表达清楚时，必定会十分痛惜。对于那些说话别扭、不经大脑的人，毫无疑问他们的事业发展及个人前途会因此受到阻碍。女孩子似乎生来就该具备泉水般动听的嗓音，所以这种能力对她们尤其重要。

当今美国社会存在一种弊病，大学生们在学校里一边学着呆板的语言，一边学着高深的数学、物理、文学及艺术，导致这些本该以优美的声音来谈论的东西，被他们嘈杂地谈论着，听起来十分刺耳。

还有很多女士讲话粗鲁、不和谐，所以尽管她们名校毕业，接受过高等教育，敏感的人还是无法与她们正常交流。

每个人的声音都可以做到极具感染力，只要经过适当的训练以及调整。听声音干净、有韵律感的人讲话，就如同听一把神圣的乐器上流淌出的美妙音符，两者都是一种莫大的享受。

我认识一位有着圆润、优美嗓音的女士，她每每开口讲话都能赢得众人的喝彩。她甜美的嗓音令人无法拒绝，并且更增添了她的魅力。她的声音能赋予枯燥、沉闷的语言以活力。她的嗓音清脆、动听、富有生命力，随着她开口讲话而流淌出来，如同溪水流过干涸的大地。这种甜美神圣的声音一定程度上使她的品质更加高尚、个性更加迷人，她因此而变得魅力无穷。

我难以忍受女士们在社交场合粗声大气地说话，这会使我感到心烦，令我的神经绷紧。

纯洁、和谐、生动的声音是上帝赐予我们的神奇的礼物，它体现了我们修养的良好及品格的高尚。我们每个人都可以凭借它来增添自身魅力。说话字正腔圆、停顿有序之人品位必定不会差。我们若能合理运用语言的力量，往往会有意外的收获，尤其是女士。

那些活在自己的世界里、永远把自己放在首位的人是很惹人讨厌的，他们长期过着与世隔绝的生活，这使得客观、开放的生活成为他们遥不可及的梦想。而他们可能也没发现，使他们丧失热情活力的原因，正是这种长期与世隔绝的生活。他们冷酷无情，就像寒冷的冰柱一样，往往会令周围的人感到不寒而栗。

我曾经认识一个因相貌普通而很没自信的女孩。她自卑又敏感，对任何事都感到沮丧，提不起兴趣来，甚至想要封闭自己的心灵，她的精神状况曾一度接近崩溃边缘。

幸运的是，她后来通过朋友的帮助走出了困境。那位朋友只是灌输给她这样一种观点，优雅的举止及高雅的情调比漂亮的外表更有价值，而且想要获得也相对容易一些，所以相貌普通没有关系，我们还可以追求情调的高雅及内涵的丰富。

在这位朋友的帮助下，她一改往日的自卑及敏感，变得乐观自信起来。面对生活，她心态积极乐观，昂首挺胸，步态轻盈。她将自己关注的重点从漂亮的容貌转移到优雅、得体的举止上来。她开始相信，她身上也蕴藏着有待开发的独特的闪光之处，她是上帝的杰作。

现在的她，满心都是如何展现自己的优秀与美好，不再担心因为长得丑而不受欢迎。她的这种做法是明智之举。她曾经说过："现在看来，我最初坚持鼓励自己，防止自己再陷入痛苦中的做法是对的。"

想法的改变使得她开始想方设法地提高、完善自我。她大量阅读经典著作及优美散文，收获了各类知识，探索到生命的源泉及完善自我的方法。

她以前认为自己打扮得再漂亮、举止再优雅也没人欣赏，所以并不重视穿衣打扮。而现在的她总是衣着得体、大方，并努力保持优雅的举止，因为她的想法已经与过去完全不同。

她通过自己的努力由丑小鸭跃升为白天鹅。她开始在社交场合变得受欢迎，而不再是被置于角落的旁观者。她变得风趣幽默、善解人意，善谈并且说话充满魅力。她因此成为各种聚会的常客，甚至比那些漂亮女孩还受欢迎。这种转变真让人难以置信，这个正被人羡慕着的人，仅仅几个月前还在羡慕着别人。她不仅在短时间内战胜了心魔，还通过努力成为她的生活圈子中最优雅、最有魅力的女孩。

　　只有拥有过人的毅力与决心之人才能完成这种艰巨的任务。她不仅克服了消极自卑心理，还通过完善自我、提高修养的方式有效地弥补了容貌上的不足，真的做得很好。

　　对于处于失望及忧郁情绪中的人来说，通过自己的努力变得愉快而乐观，这是一件很有成就感的事。还有什么比美梦成真更令人感到快乐的？

>>> 竭尽全力去做一个快乐的人

有个女孩名叫开心。她给人的第一印象就是相貌很丑，可是熟悉之后，没有人会不喜欢她，连小孩子们也不例外，他们跟她开开心心地做游戏，聊天。可以说，哪里有开心的身影，哪里就有欢笑，她让身边所有的人都由衷感觉到快乐。这样一个女孩，谁还会在意她的相貌如何？

在开心全家人的合照中，笑得最欢畅的必然就是我们的开心。第一次见面，你会认为她丑。但是，随后见得多了，加深了解之后，你便会被她的人格魅力所倾倒。她最吸引人的地方，正是无所不在的快乐。

只有快乐的人，方能见到阳光。如果现在你的生活一片阴暗，彤云密布，那请你坚信，总有一日乌云会散去，阳光会重现。明天的美好，源自今天的乐观与希望。反之，悲观的情绪则会扼杀一切光明前景。无论现实多么令人沮丧，生活多么拮据，永远不要自暴自弃，永远要记得努力工作，在工作中寻找乐趣。只有快乐向上的人，才能将这种积极的情绪传递给身边所有的人。

卡莱尔曾如此呼喊："我们需要快乐的同事！他会在我们工作的地方注满欢声笑语！他从来不知疲倦为何物，无论面对什么样的工作都一样精神焕发。因为他懂得全身心投入工作当中，就好像听到音乐翩翩起舞一样自然。这种快乐的情绪将带动周围所有的同事，让每位同事都在工作之中感受到前所未有的快乐与满足！"

奥里福·文德尔·霍尔姆斯讲过一个故事："多年前，我经过奥伯恩坟场，看到了一块极其特别的墓碑。碑上仅刻着四个字——她很快乐。还有什么要补充的呢？这四个字已足以说明一切。她的快乐就像动人的音符一样四处跳动，将我深深感染，至今难以忘怀。"

英国小说家思特恩说："快乐存在于世间任何一个角落，很容易就能找得到。真正的快乐不会被外界事物干扰，无论是忙碌还是疾病，都无法将快乐压制。要拾回失去的自信，那就微笑吧！微笑生活，让身边的一切全都沉浸于快乐之中，这才是真正美好的生活呀！"

库兰是个非常幽默的人，即便是在身染重病的时期，他的乐观依然丝毫不减。一天早上，他咳嗽得非常厉害，医生们很担心，但他却这样说道："要变成这个样子可不容易呢，要一宿不眠不休才行！"

在临近纽约的一座城市中，曾发生过这样一件事：一个男人因重病缠身丧失了求生的意志，他的家人对此非常忧心，其中一人便对他说："你的病根本没什么大不了的，用不了多久就会痊愈了。"这个善意的谎言并不高明，旁观者只要看到说话者的表情，就明白他不过是在安慰病人，但是病人却信以为真，情不自禁地大笑起来。笑完以后，他马上振作精神，过了一段时间，竟然奇迹般地康复了。

爱默生说："要想让我们的人生充满欢笑，挂出美好的画，挑选愉快的交流话题是很有必要的。"

比彻在自己的书里这样写道："离那些喜欢抱怨的人远远的。快乐遍地都是，世上缺少的不是快乐，而是真正想要快乐的人，只要我们愿意，随时随地都可以创造美好的天堂。那些终日郁郁寡欢的人，不要总是强调外界的种种不如意，在自己身上寻找真正的症结所在吧。找到自己不快乐的根本原因，才能找出令自己快乐的正确途径。"

小男孩问妈妈："无论我怎么哄妹妹，她为什么都不笑呢？我想尽了法子都没有哄得她笑，反倒把我自己哄得很开心。"

为了能让生病的吉姆重拾欢笑，哥哥想破了脑袋，最后总算成功了。看到吉姆的欢颜，哥哥欢呼起来："吉姆终于又笑了！我太开心了！"说这话的时候，哥哥笑得更欢畅了。

怎样才能拥有欢笑？赶紧将压在心头的烦恼忧愁全都扔掉吧。凡事要往好的一面想，永远保持希望和憧憬，乐观积极地面对人生，时刻充满激情，竭尽所能做好眼前事。种子最初被深埋在泥土中，依靠自身坚持不懈地努力生长，最终才能冲破泥土的阻隔，见到阳光，然后逐渐长出繁茂的叶，开出美丽的花，结下丰硕的果。努力，才能有结果。在这个过程中，坚硬的泥土和沙石不断阻碍着它们的成长，可是它们从不畏怯，依靠强大的勇气和毅力茁壮生长。小小的种子尚能具备这样的精神，更何况是人呢？

人们总是喜欢反复咀嚼曾经拥有过的快乐，而当我们回想起那些快乐的朋友时，也一样会感到非常喜悦。有位诗人曾说过："快乐是自己给自己的，所以我会永远保持微笑，即便只剩下最后一口气。"米勒说："一天，我去医院探望一位生病的朋友，发现她所在的病房并不像一般病房那样死气沉沉。

我四处观察了一下，发觉根源是摆放在窗台上的一束玫瑰，其中有一朵总是朝向太阳的方向。我好奇地问朋友原因，她说这些花原本全都背向太阳，只有这一朵不知出于什么原因，竟然自己转了个身，朝向了太阳的方向。这朵不同寻常的玫瑰，给了朋友很大的鼓励，使她渐渐学会了积极乐观地面对自己的病情。当挫折和苦难到来时，我们每个人都应该坚强地迎上前去。我们要坚信，再浓的黑暗也能透出一线光明。痛苦与烦恼从来都不能真正解决问题，一旦身陷这种情绪，就好比陷入沼泽地，情况只会不断朝着更糟糕的方向发展，再难挽回。"

在被问及翌日的天气情况时，萨利伯·普莱斯说道："无所谓，无论什么天气都是我的挚爱。"对方问他原因，他说："每天的天气由上帝安排，人类根本无法掌控，所以接受便成为我们唯一的选择。"天气并非人类情绪的决定者，我们今天的情绪如何，完全取决于自己的选择。真正的快乐不会被糟糕的天气挫败。真正快乐的人，也不会被糟糕的天气影响，并能通过自身带动身边每一个人的情绪。所以，竭尽全力做一个快乐的人吧！

富兰克林曾经讲过这样一件事："有很多人在我的办公室附近工作，其中有一位机械师，他工作起来总是很开心，说话的时候也总是在笑。不管今天是阴天还是下雨，他都会用自己的微笑为同事们驱走阴霾。一天早上，我过去找他，想向他请教如何才能像他那样快乐。他说：'因为我有一个好老婆，每天上班之前，下班以后，都能见到她动人的笑容。她对我温柔体贴，关怀备至，拥有这样一位贤内助，我还有什么不满足的呢？'"

　　下面这个故事的讲述者是一位充满智慧的约克郡人，他说："很多人都曾在'抱怨路'待过，我自己也不例外。在那里居住期间，我终日感觉浑身不自在。周围到处是破旧的房屋，人们每天呼吸着浑浊的空气，饮用着肮脏的浊水，从来不见一只鸟儿飞过。我每天都精神委靡，如果继续待在那里，迟早都要崩溃。终于，我下定决心搬了家，住进了'幸福路'。这里是完全不同的新天地，我又成了一个健康的人。每天住在窗明几净、阳光普照的房间里，呼吸着新鲜干净的空气，聆听着鸟儿清脆悦耳的叫声，快乐终于又回到了我身边。所以，还停留在'抱怨路'的朋友们，请搬到'幸福路'居住吧，在这里，你会重新找回遗失的快乐。"

　　美国总统林肯习惯在身边摆放一本最新的幽默故事集。这些故事在他情绪欠佳时，往往能发挥重大作用。对林肯而言，每次读完几篇幽默故事，满身疲倦就像灰尘一样被抖落在地，再度投身工作时，便会容光焕发，精神抖擞。乐观之人之所以能够成功，是因为他们总能看到事情好的一面，所以在困难面前，他们从不胆怯，应对从容，游刃有余。这种人在任何情况下都能保持乐观，并影响到周围的人，因而广受欢迎。

伦敦被称为雾都，顾名思义，这座城市经常笼罩在一片雾气之中。严重时，雾气会长达两个月不散，城中阳光极少。然而，有些人心中的阴霾却比雾更甚。他们终日沉浸在抱怨之中，生活对他们来说毫无希望可言。艰苦的工作，穷困的生活，都会成为不快乐的缘由。然而，工作与生活却是我们每个人都必须面对的，不管怎样抱怨都无法逃避。如果你不争取，快乐不会主动降临。一个人快乐与否，心态是最重要的因素。

英国文学家瓦尔特·斯哥特常说："请让我尽情欢笑吧！"他是如此快乐，因为他关怀着身边所有的人，并用自己的微笑感染着这些人。快乐由他传播开来，再转而传回他的身边去。

一位大学同窗问牧师亨利·比彻："读书时，加斯维尔时常被你气得火冒三丈。你老是嫌他太过沉闷悲观，可是无论他多么悲观，都没有对你造成丝毫负面影响。你那么快乐，别人的情绪根本左右不了你！"比彻笑道："正是如此。因为我跟加斯维尔对人生的态度截然相反，所以今天当我快乐地生活时，他却早已与世长辞。"

一名合格的基督教徒，必然是快乐的。他们受耶稣教诲，要摒弃忧郁，谨记快乐。若果真做到了这些，如何还能不快乐呢？

歌德说："若生活被乏味充斥，何谈快乐？若从早到晚郁郁不乐，这样的一天又有何意义？所以，我们应该主动去寻找快乐。"

欢笑会让我们的生活充满阳光。人生苦短，我们在忍受痛苦之余，也被赋予了无数欢愉。你知道笑声的产生要动用哪些器官吗？起初是肺及气管，随即扩展到肾脏、胃部等。在笑的过程中，心跳加速加力，血液循环加快，从而加速呼吸，让全身活力倍增。笑使双眼神采焕发，心胸豁达开阔，是一种绝好的锻炼方式。欢笑使人青春常驻，保持轻松愉悦，更能缓解病情，其效果有时比医药治疗更为显著。

福特说："失去欢笑，活着便成为了一种浪费。"林肯说："欢笑是我健康的保障。"对所有人而言，欢笑都是一剂良药。林肯还说："人的内心极度渴望欢笑，一旦失去，生命也就没有了任何意义。"

总是笑容满面的爱默生，倍受人们欢迎。有人说，每人每日最少要笑三次。想要克服失望悲观的情绪，不妨做这样一种尝试：将自己的痛苦与快乐全都写在一张纸上，注意不要漏掉任何快乐的事项，如健康、财产、亲友、荣誉、憧憬等。当然，其中还包括自己所肩负的责任。在写下这些责任的同时，请认真想象一下，若是完成了它们，自己将会拥有怎样的满足感。最后，对比一下纸上所写的事项，你就会明白，比起自己现在拥有的，痛苦的部分其实是那么的微不足道，完全没有必要为之沮丧甚至绝望。

居住在旧金山的阿尔歌先生讲了个故事："密尔比达住着这样一位女士，天下所有的不幸像是结了伴一样在她身上接连不断地发生。所有人都担心她会熬不过去，可事实并非如此，她以非比常人的忍耐力熬过了一个又一个难关。她要求自己每天最少要由衷地笑三次。为此，她用心体味着生活中任何一点微不足道的欢乐，无论多么微小的幸福，都能让她自心底发出笑声。就是依靠这些，她的身体逐渐好起来，并带动着丈夫和孩子时刻保持乐观。尽管是如此的不幸，他们的家庭却从来不缺少欢声笑语。"

纽约西部，有一位大夫人称"快乐医生"。随着时间的流逝，他的名字波迪克逐渐被人遗忘，但他的笑容留给人们的印象却与日俱增。每个病人见到他的笑脸，病情就好像立刻缓解了一般。这种说法并非没有科学依据，研究显示，快乐能够传染给身边的人。如果医生的情绪非常快乐，那么他的病人即使不打针吃药，病情也会得到缓解。事实上，在"快乐医生"波迪克给病人开出的处方中，药物从来都不是最主要的，他的笑容才是医治病人最好的良药。

第五章

被欲念束缚，永远做不了强者

每个人都有贪多、享乐等欲望，而这些欲望催生了很多恶劣的思想，例如，嫉妒、怨憎、仇恨、偏激、刻薄、消极等。这些思想都会让一个人失去自己的本心，找不到释放潜能的出口，对人生充满绝望。而这些对一个人的成长和成功是没有一点用处的，有百害而无一利。如果想要成功就要，多多找成功的榜样做朋友、学习，改变自己身上的不足之处，抛弃自己的欲望，塑造自己完美的人格，这样假以时日，你会发现自己身上的改变，让你一步步走向了成功。

>>> 只是要求他人付出，朋友都会抛弃你

朋友对我们来说极为重要，俗话说得好："一个篱笆三个桩，一个好汉三个帮。"爱默生曾如是评价友谊："一百个狐朋狗友也抵不上一个真正的朋友。"这句话非常经典。要想取得成功，单靠个人的力量是很难做到的，借助朋友的力量会容易很多。朋友在生活中给予我们力量，并且这种力量仅次于我们自身所拥有的，他们极大程度地促进了我们的成功。朋友是在你前进的道路上帮扶、指引你的人，每个年轻人都应该学习与人交往之道，广泛地结交朋友。

友谊是我们无价的财富，任何情况下都不可做出卖友求荣之事。为了我们的友谊能够地久天长，即使现在遭人误解又如何？只有对朋友始终怀有一颗真诚的心，才能顺利化解彼此间的矛盾与分歧。朋友是一笔隐形的财富，对我们来说当然是越多越好，所以我们应努力使这笔财富不断增多，避免因失去朋友而造成不可估量的损失。我们能否快乐地生活，能否取得

事业的成功，很大程度上取决于我们是否拥有大量且高质的友谊。

无论何时都能收获真诚友谊的人，他们是很有潜力获得成功的。因为朋友可以帮助他们在激烈的竞争中站稳脚跟，并最终取得事业上的成功。

朋友对于刚走上社会的年轻人尤其重要。无论是工作还是事业，朋友都能给他们提供很多帮助。拥有真挚友情的人，即是置身于自己的天堂中了。因为这些真诚交心的朋友，会温柔地鼓励处于迷茫、慌乱中的你，使你勇敢地重新站起来；会在你生意失败、负债累累时陪在你身边，给予你慰藉及支持。我们的生活会因为朋友的存在而发生很大的变化，我们从朋友那里获得慰藉，变得快乐而又高尚。

有些人的朋友数量一直在不断减少，之所以会这样，主要是因为他们既不主动结识新朋友，也不常与老朋友相聚。

生活中有很多把事业排在友谊之前的人，他们完全没有认识到友谊的重要性，对待他人的态度总是十分冷漠。有一个人在忙于工作时，他的一位多年不见的老同学兴冲冲去找他，然后被他以三言两语就打发走了，态度极为敷衍。这种为了工作不惜伤害珍贵友谊的人，他们即使赚到钱了也得不偿失。

　　一个人能否成功与他会不会交朋友有很大的关系，想在没有朋友的情况下取得成功是很困难的。那些拥有出众的头脑及才能的人固然有能力大获成功，但如果他们是没有朋友的孤家寡人的话，恐怕将永远无法获得真正的成功。

　　当我们遭遇突发意外时，如果身边一个朋友都没有的话，境况会十分凄凉。很多人都有一种不好的生活习惯，那就是喜欢独处，排斥同他人打交道。有些人长期对朋友不闻不问，即使朋友来看望他们，他们也是敷衍了事。像这种一心扑在工作上的人，最终将失去朋友。然后等遇到紧急状况的时候，他们就会后悔莫及，因为这时再也没有朋友愿意帮他们了。

　　想要仅凭一己之力立足于竞争激烈的社会并取得成功，这是不可能的，我们必须借助朋友的支持与理解。美国一位知名作家曾说过："友谊构建了一个庞大的相互信任的网络，正是这一信用网络维系着人类社会的正常运转。"这句话的正确性可以从那些成功人士身上得到印证，成功的商人大都拥有真正的友谊。

　　即使是拥有远大抱负之人，也会因为奋斗环境的艰苦而感到疲惫。但朋友对他们的殷切期望会令他们忘掉疲惫，以更饱满的精神状态，更勇敢地重新投入到奋斗中去。

只有那些不向命运低头的人才能最终取得成功。许多人会在困境中选择放弃，如果他们能想想牧师临别时对自己的殷切寄托，能想想年迈的母亲对自己饱含热泪的期盼，能想想朋友们对自己能力的信任及鼓励，又怎会还有这种想法呢？他的勇气和信念都会在想到这些时被唤起，从而勇往直前地向成功迈进。

很多人愚蠢地认为那些鼓励的话语毫无用处，不会促进自己的发展。但其实很多人正是由于缺乏朋友的支持及鼓励，导致自己空有出色的才能及善良的天性，却无法在奋斗中取得成功。

人在缺乏鼓励的环境下生活，会渐渐丧失进取心。许多年轻人其实只要勇敢去闯，是完全有能力取得成功的，但他们的自信和勇气却在父母及老师的打击下完全丧失，对自己的未来感到绝望。其实他们完全可以避免失败的结局，并取得辉煌的成就，只需由真正的朋友经常给他们鼓励及信任，多关心他们、爱护他们。

我们每个人都是有能力取得成功的，但是我们要想充分发挥出自己的能力并取得成功，必须先拥有他人的信任才行。对于朋友，我们给予他们的最好的帮助，往往不是物质上的，而是精神上的。我们应毫不吝啬地给予朋友真诚的信任及鼓励，告诉他们你坚信他们必将取得非凡成就，这些由衷的赞美往往对他们取得成功更有帮助。

"他唯一拥有的就是一群朋友。"有一位来自伊利诺伊州的年轻律师曾如是评价林肯。这些友谊就是林肯最宝贵的财富，它比钱财更珍贵。俗话说得好，众人拾柴火焰高。林肯之所以能取得非凡的成就，很大程度上正是得益于这些朋友的大力支持与帮助。

伯利勋爵持有这样一个观点，即财富和他人的支持，都会伴随着我们诚信形象的建立而来。年轻人的成功离不开朋友的帮助，友谊对他们来说非常重要。朋友会在我们遇到困难时伸手帮助我们、鼓励我们，使我们重拾信心，他们就像阳光般照亮我们的生活。朋友是无价的，他们能够与我们一起承担生活中的苦难与悲伤，一起分享欢乐的情绪及成功的喜悦。

人们往往会认为自己之所以能取得成功，完全是凭借自己辛苦付出以及超高的判断力，是自己的能力所致，而忽略了朋友给自己的事业带来的帮助。拥有这种想法的人是很难再次取得成功的。许多年轻的律师在这一点上就很明智，他们懂得在自己的事业刚刚起步时先努力培养人脉，尽最大可能多交些朋友。而这些真诚的朋友会对他的事业起到很大的帮助作用，促使他走向成功。而那些缺少朋友的支持与帮助的律师是很难成功的。因为律师在没人引荐的情况下，想要接到诉讼案件是很困难的，这时他再能言善辩、精明能干也是无用。

朋友对于医生这个行业也非常重要，年轻的医生在事业起步阶段必须得有朋友们的大力支持才行。医术再高超的医生也必须先得到病人的认可，才有机会发展自己的事业。没有哪个病人敢拿自己病弱的身体开玩笑，随意交给一个医术水平不确定的医生。所以医生们发展事业的时候非常需要朋友的支持与信任，他们会为你做宣传，使人们慕名前来找你看病，你在医术上的声望会随之日益升高。

在商场上也是如此。那些白手起家或者小成本起家的商人，要想把生意做好做大，必须先努力获得朋友的支持。因为你初入商场毫无经验，即使再公平诚信，也很难获得大众的认可。当你凭借优良的服务获得人们的好感后，他们会自发地为你做广告，给你带来更多的顾客。多交朋友好办事，对于商人来说尤其如此。朋友们会为你带来商场的各种最新信息，交的朋友越多，你的财路也就越广，发家致富的道路也更好走。并且朋友间这种物质及精神上的帮助是一种双赢的行为，彼此都能从中受益，而商场中人更注重物质上的相互扶持。但若在交朋友时只看重物质上的利益，彼此间仅仅通过商业利益联系在一起的话，无疑是对"朋友"一词的亵渎。只有因高尚的品质而产生的友谊才能长久，才是真正的友谊。

罗马著名政治家、哲学家哥西塞罗说："就像地球不能没有阳光一样，我们的生活不能没有友谊。世间万物因为有了上帝恩赐的阳光才得以成长，我们也因为友谊的存在而体会到最大的欢乐。"自己不主动付出，只一味要求他人付出的人是得不到真正的友谊的，因为友谊是建立在两相情愿的基础上的。他们只懂得从朋友身上捞取好处，在朋友需要帮助时却总是不见人影，这样的友谊怎么可能会持久呢？只会要求他人付出的人，朋友们终将离他远去。

朋友究竟该如何定义呢？伦敦有家报社曾在几年前悬赏征集答案，收到了很多不同版本的答案。其中有人这样回答："真正的朋友会始终陪伴在我身边。即使我到了众叛亲离的地步，他们也不会抛下我，并且在心里为我祈祷。"这个答案将真正朋友的类型描述得很准确，尽管这种说法不是很雅致。

那些给予我们力量及勇气，使我们坚定了前进的信念的人，才是我们真正的朋友。他们能唤醒我们心底光明的一面，而我们心中邪恶的一面会因为他们的存在而消失。他们鼓励、支持、理解着我们，给予我们全力以赴的勇气。

我们在应对危机的时候尤其需要真诚的友谊。朋友能够给予那些因天灾人祸而濒临破产的商人支持与帮助。在朋友的鼓励下，这些商人将不再感到无助，他们会重新站起来挽回局势。这样的事情在商场中时有发生，这种友谊是伟大而又珍贵的，我们每个人都渴望拥有它。

然而我们现在已经越来越难拥有真正的友谊了，这真的很可惜。如今，人与人之间依靠金钱及利益联系在一起，我们处在一个充斥着物欲的社会中。我们不能只将朋友当做玩伴，不能将交朋友当做游戏来对待。如果抱着这样的态度，我们永远都得不到真正的友谊。相反，我们应慎重、严谨地看待友谊。

真正的朋友能帮助我们培养高尚的品质及情操，并在生活中给予我们许多实际的帮助。我们时刻都在接受着他们的帮助。朋友使我们得以认识更多的人，从而形成了我们生活中的人际关系网。他们在工作及生活上都给予我们很多帮助，那些原本不愿录用我们的公司，以及那些原本不愿和我们做朋友的人，都会因为他们的热心介绍而重新考虑。他们这么做并不是因为有利可图，而是完全发自心底地想要帮助我们。医生如果交到这种真正的朋友，那么他的医术或者根治疑难杂症的本领，将会有人热心帮他宣传。律师如果交到这种真正的朋友，那么他的辩论水平以及他新近获胜的诉讼案，都会有人大力向人推荐。作家如果交到这种真正的朋友，那么他的新书就有人免费为他到处宣传了。

他人的信任能让我们更加自信也更加愉快。我们身边有些人会始终对我们信任有加，那就是我们的朋友。而那些事业上已经有所成就的朋友，他们就像信任自己一样信任我们的能力，对我们既不会看轻也不会心生疑惑，相信我们必将取得成功。他们的这种信任能够促使我们在追寻成功的道路上更加顺利。

加菲尔德是美国的第20任总统，他在威廉姆斯学院学习期间曾与校长马克·霍普金斯结下不解之缘。很多年后，已经身为总统的他曾在一次发言中提到："如果上帝能再给我一次选择大学的机会，有像霍普金斯博士那样学识渊博、头脑睿智的教授的学校，是我的首选。这样的学校，即使位置偏僻，简陋到只有一间帐篷，我也会毫不犹豫地选择它。因为只有跟着有能力的教授，才能学到真正有用的知识。如果一所学校的教授毫无能力，那么即使它的硬件设施再好我也不会选择它，因为跟着这种无能的教授学习是不会有收获的。"

"近朱者赤，近墨者黑。"例如查理·詹姆斯·福克茨，他因为从小与埃德蒙·伯克斯混在一起而沾染上诸多恶习。我们只需看看一个人身边都有些什么样的朋友，就能推测出他的人品如何了。我们的人生会因为找到良师益友而大有不同。如果你在遇到困难的时候身边连一个朋友都没有，这种孤独感足以摧毁你的意志。假如这时有好朋友向你伸出援助之手，鼓励你重新站起来的话，你便能更加坚定地向成功迈进。那些已经功成名就的伟人，他们成功的过程都有一个共同点，那就是拥有亲朋好友无条件的支持与理解。他们的每一点进步都离不开身后这些人真诚的鼓励与帮助。

谁不想在自己的生命中总有朋友的陪伴呢？有的人我们一见便确定他将是自己的朋友，但有的人可能终其一生也只是我们的一个认识的熟人而已。我们必须慎重地对待交朋友这件事，因为朋友会在无形中对我们的个性产生深远影响。物以类聚，人以群分，那些不小心交了一帮狐朋狗友的人，只会在腐朽的生活中渐渐堕落，迷失了自我。希里斯博士曾这样说道："友谊是可以影响我们的整个人生的，如果你在年轻时不懂得听取朋友的忠告，凡事一意孤行的话，你将难以取得成功。"

我们在与朋友相处的过程中难免会受到影响，各方面甚至个性都会产生变化。朋友会直接影响到我们的人生走向，品格高尚的朋友或者道德败坏的朋友会使我们走上截然相反的人生道路。

对此，查理·金斯利曾感慨道："习惯性撒谎的朋友会令你越来越虚伪，尖酸刻薄的朋友会令你越来越刁钻，贪婪的朋友会令你越来越小气，只有品格高尚的朋友才能令你越来越富有爱心。"

比彻也曾这样说道："英国著名书评家罗斯金的著作深深地打动了我，使我有了重获新生的感觉。能与伟大的作家做朋友的人生是幸运的，因为他们在用心与读者交流他们的思想，教育并打动我们。他们的灵魂是神圣高洁的，拥有令人保持心灵洁净的力量，这种力量促使我们追求自身的完美，它能挖掘出我们灵魂深处的真善美的品质。"

那些生机勃勃的朋友能为我们的生活注入新鲜的血液，使我们具有更加鲜活的生命力。他们的到来有如春风拂过大地，令人心情豁然开朗。无论是工作还是生活，都会因为有他们而变得轻松愉悦。与有思想、心态积极乐观的人在一起，我们会变得更聪明、更自信、更有能力、更乐于交流。因为他们能够带动周围的人去积极地思考问题，并就不同的观点展开激烈的辩论，这一过程令人受益匪浅。而与毫无生机的人做朋友，却只会浇灭我们的热情，摧毁我们的希望，使我们失去与人交流的欲望，陷入孤独自闭的境地。换句话说，毫无生机的人会令我们渐渐变得懒惰，不再去思考，最终对一切都失去兴趣。

爱默生曾经说过："我们必须对自己需要的朋友类型做到心中有数。朋友是既能分享我们成功的喜悦，又能替我们排忧解难的无私奉献之人。真正的朋友，有责任在我们遇到困难时伸出援助之手，尽全力帮助我们。朋友能拓宽我们的天空，我们会被他们的人格魅力所吸引，从此不再感觉孤单。有了朋友们的大力支持作为我们坚强的后盾，再大的风雨我们也不会感觉彷徨。朋友是会耐心解答我们心中疑惑的人，甚至有时他们只需稍加提点，便能令我们如同醍醐灌顶，茅塞顿开。能够使我们认清自我的人才是真正的朋友，他们能给予我们勇气与力量、理解与支持，帮助我们走出困境。"

良师益友是我们足以受益终生的学习榜样，这些人会鼓舞我们的斗志，帮助我们追求进步。人都有模仿他人的本能，以他们为榜样，我们自身将会得到改善与提高。一位优秀老师的全力栽培，能令表现一般的孩子变得能力出众，因为他可以开发出孩子身上潜在的能力。我们每个人都需要这样一双眼睛，来发现我们身上潜藏的才华。孩子们是很难认识到自己的优秀之处的，如果老师也不对此多加留意的话，这些优点将永无发光的机会。即使是天资出众的千里马，要想傲然群雄，也必须先有伯乐来发现它的闪光之处。朋友是我们所拥有的最珍贵的财富，他们懂我们、欣赏我们，并会给予我们支持与帮助。

我们需要先培养自身的优秀品质，使自己成为一个有魅力、令人钦佩的人，才能获得朋友的青睐。谁会喜欢跟一个自私自利、无耻、吝啬的人交朋友呢？对于这样的人，大家只会退避三舍。也没人愿意同那些说话做事畏畏缩缩、消极悲观的人做朋友，他们只会遭到大家的鄙视。人们都希望和那些有信心、有胆识、有谋略、慷慨大方、积极乐观的人做朋友，因为人们会被他们强大的人格魅力所吸引，渴望与他们接近。要想获得他人的信任，我们就不能给人一种要挖掘他隐私的感觉，而应发自内心地去关心他。当他渐渐感受到我们的真诚后，就会认可我们作为他的朋友，并回以同样的关心。我们能够凭借真诚及热情架起友谊的桥梁，拉近彼此心灵的距离。有些人用心险恶，他们表面上与我们相处和睦，背地里却在算计着自己的利益得失。这种人极为自私，他们总是想尽一切办法来利用别人谋取自身利益。人们在看清他们的真面目后，会果断地远离他们。

朋友间应坦诚相待，你对他们的喜爱与敬佩之情都应表达出来，让他们明白你很珍惜这段友谊。把爱憋在心里不说出来是一件令人难受的事情。勇敢地向朋友表达出你的感受，让他知道他在你心中的重要性，你不能没有他。这样你不仅不会有任何损失，还能使你和朋友的心贴得更近。

>>> 学习他人长处越多，竞争机会就越多

我们要保持胸怀宽广，多学习他人的长处，才能在激烈的竞争中立足。这一点对于商人而言尤其重要，抓紧一切机会向对手学习，是一名商人获得成功的必要条件。

成功永远不会属于那些因循守旧的人。芝加哥有一名零售商，他刚刚进入这一行时，曾花费整个假期的时间将全国优秀的零售商店都参观了一遍，借鉴了大量的经验教训。后来，他的生意越做越大，但他依然坚持向对手学习，内容包括销售技巧和管理制度，并积极将所学纳为己用。

后来，在被问及自己成功的窍门时，这位零售商答道："我成功的唯一窍门就是善于跟别人学习，特别是跟我的对手们学习。"通过对他人的借鉴，他在自己的商场中发现了很多原本毫无察觉的缺陷。为了弥补这些缺陷，他在商场中实施了多次改革，裁减多余员工，提升工作效率，使得生意的规模不断发展壮大。

一个商人如果不清楚对手的状况，那么基本上也察觉不到自身的缺陷。要想壮大自己的生意，必须要时刻与同行保持联络。在与同类型商家的沟通过程中，可以对本行业的竞争现状得出全面深入的认识，制定出最合时宜的发展策略，增加盈利。

持续不断地新陈代谢，帮助我们维持生理和心理的健康。同理，一名商人要想突出重围，在竞争中取胜，就必须放低姿态，通过不断地向他人学习获取有用的新知识，以指导自己的管理行为。

在我们的成功之路上，他人对我们的影响是很关键的，然而很少有人认识到这一点。这些人促进了我们的前进。他们关心我们的生活，激励我们的思想，使我们燃起了成功的希望，并提高了我们的才华及能力。

在现实生活中，我们总是过于看重书本知识，认为只要接受了高等教育就能成为一名有用的人才。但我们接受高等教育，最终的目的是使自己成为一名品格完善之人。我们需要通过与他人的交流来完善自我。这是一种真正用心去交流的过程，可以促使我们在思想上得到质的飞跃，甚至还能提升个人才能。虽然学习书本知识也是我们的重要目的，但通过思想交流却能使我们放飞梦想，为我们带来新的希望，这种收获是一笔不可估量的财富。

两种不同的物质在特定条件下会发生化学反应，生成一种新的物质，并可能释放出超过其中一种或两种物质总和的能量，这是一个普遍的常识。然而很多人不知道，这一简单的原理也适用于两个人相互作用的情形下。但有些人从不会这样做，也不知道这时产生的能量是超过他们独自一人努力时的。很多作家都明白这个道理，他们知道朋友才是促使他们写作的动力，因此把自己作品的成功归功于那位朋友。的确，如果没有朋友的帮助，他们恐怕也难以充分发挥自身潜力，写出伟大的作品。对于每个人其实都是如此，我们要想发挥那些深藏体内的强大的能量，必须得有合适的人选来帮助我们共同挖掘。

我们只有在与人交往的过程中才能认识到自身蕴藏的才能，一味地封闭自己就等于亲手封锁了这座储藏能量的宝库。如果我们能够与朋友们保持长久的友谊，并且相处融洽、时常聚在一起的话，我们身上所蕴藏的才能将源源不断地得到开发。"三人行，必有我师焉。"我们应该在日常生活中多从他人身上学习独特之处，取其精华为己用，必定会不断有新的收获，取得事业上的成功也将易如反掌。朋友是我们每个人自身潜力的最出色的开发者。

我们应该在日常生活中抓住一切机会去摸索、学习，完善自我，使自己的各种能力都得到锻炼、提高。我们要想成长为一个完美的巨人，尤其需要提高自己的人际交往能力，因为这种能力是我们得以吸取他人长处、完善自我的前提。

我们能从那些比我们出色的人身上学到很多有用的东西，并在他们的磨砺下，由棱角分明过渡成老练、成熟的样子，成为具有迷人风度之人。不与这样的人来往是很愚蠢的行为。

在我们的生活中，每个人都能让我们受益匪浅，只要我们努力去挖掘他们的优点这座宝库。他们能使你的经验及阅历都更加丰富，为人处事更加稳重、完美。我们要想了解充实的生活的含义，也必须从他们身上去体会。

在现实中，只有睿智之人，才会主动从别人身上学习。然而，要想获得进步，就必须培养这种意识。只有这样，才能客观地看待自己和他人，借鉴他人的长处，弥补自己的缺陷。

在我们的生活中，失败者往往是那些屈从于自己的习惯，拒绝一切改变的人。这类人没有长远的目光，只满足于眼前小小的成绩。他们察觉不到自己的缺陷，也发现不了他人的优势，即便发现了也怠于学习。成功绝对不会眷顾这类人。

如果一名酒店老板精于学习之道，那么他在进入别家酒店参观时，两相一对比，马上就能意识到自家酒店的缺陷，进而开始思考应该如何弥补这种缺陷。外出一天能学到的东西，要比困守家中一月还多。

改革不能一蹴而就。就如盖房子需要逐日添砖加瓦一样，改革需要从细节入手，慢慢累积，逐渐改善。

上班时，一有空闲便要考虑这样一个问题：今天我需要做哪些工作来推动自己的事业进步？

要成为一名成功的商人，就应该做到上述这一点。我认识一位商人，无论是在事业发展初期，还是在小有所成以后，他一直在不断追问自己这个问题。他正是通过这种途径，使得自己每天都在进步，最终功成名就的。

>>> 成大事者，善于使用能力强的人

钢铁大王安德鲁·卡内基生前曾为自己写下墓志铭：躺在这里的人并没有过人的才能，他只是善于使用能力强于他的人。

美国人都善于观察别人并结识其中优秀之人，这是一个很好的优点，如今已成为一种民族特征。很多优秀的人才因为他们的这种优点而聚集在一起，充分发挥团队的优势。在美国，无论是个人还是企业，都是如此走向成功的。

企业的领导者必须具备识人之能，看人拥有伯乐的眼光是取得事业成功的首要条件，这种能力使我们得以借助他人的力量、长处取得自己的胜利。

这种识人之能帮助很多人取得了非凡的成就，尤其是商界名人以及银行业的高管。这种能力使得他们不会埋没任何优秀人才，他们会合理利用每个人的才能，并使所有人都认识到自己所做工作的重要性。在这种意识下，员工们会自觉地将工作

处理得有条不紊，绝不会偷懒或故意拖延。

识人之能不是人人都有的，很多人正是由于不具备这种能力而导致了失败。这些人总将工作安排给不合适的人，他们识别不出真正有能力的人，使得有能力的下属因得不到合适的职位而被埋没。这使得他们自己的工作也做不出成绩来，再努力也是白费力气。

只有先弄懂人才的真正含义，我们才能培养出看人的眼光。很多人在看人时总是看错，使自己狼狈不堪，正是由于不明白人才的真正含义。真正的人才不是样样精通，而是在某一领域能力突出。我们不仅要学会辨别人才，还应合理地利用人才，使他们能够各展所长。例如写作和管理就是两种完全不同的才能，文笔好的人不一定擅长管理。因为一个优秀的管理人员，必须具备多种杰出的能力，能够合理布置工作、拟定方案、分配资源，有超强的组织及掌控能力。而没有识人之能的人，在安排工作时不以员工的能力为依据，而是根据自己的喜好来决定，使得工作不能由合适的人去做，最后只会导致自己的失败。

想要获得商业上的成功，必须先弄清楚每一位员工的能力所在，给每个人安排最适合的工作岗位。在管理工作中，懂得合理分配任务，使人尽其才，会使我们的工作更顺利地开展。不懂得这样做的人必定会失败，他们全凭个人喜好来做事，不能顾全大局。

真正懂得管理之道的商人会常年在外旅行，而不是始终坐于办公桌前。他们的销售业绩不仅没有下降，反而显著上升，因为他们懂得真正的用人之道。他们无须自己亲自去做，只需为每个工作岗位安排上合适的人选，这些人在获得前进的动力后会自行高速运转，然后为他们带来好的业绩。

把一个人放在能发挥其才能的职位上，他会为你带来骄人的成果，这样你的收获会远大于雇用他所付出的。擅长用人的领导能使员工的使用价值高于其酬劳的价值。

认为雇主一定比雇员更有能力是一种错误的观点，事实上很多雇员只是没机会展现自己的能力，他们的才能远远超出了雇主。这时候雇主的慧眼识珠就很有必要，这些员工一旦得到展现能力的机会，会为雇主带来丰厚的收益。但是有些雇主没有这种眼光，又害怕给下属机会会对自己造成威胁，所以并不会这样做。

在生活中，人的能力往往不易被发现，只有巨大的灾难才能挖掘出一个人的潜力，我们的能力只在面临危险或巨大的压力时才能得以充分发挥。乱世出英雄，林肯、格兰特、法拉格特、谢尔曼、李将军等，这些人的才能都是在美国动乱或者萧条时期得以充分展现的。

有所成就的美国人很多，但更多优秀的人才仍旧被埋没，等待着慧眼识珠之人给予他们一展所长的机会。这些人才华横溢，一旦得到机会便可成就伟业。雇主们只需擦亮眼睛去找寻明珠，而完全不必担心雇不到优秀的员工。

信任下属的工作能力可以使他们在工作中发挥得更好。下属会对完全信任自己并委以重任的领导心怀感激，他们会全力工作来回报领导。这样的人在工作时追求完美，再多的困难也能克服。但是，如果得不到领导的信任，被安排去做不想做的工作，则会严重损伤他们的自尊，他们就会通过敷衍的做事态度，甚至故意把事情搞砸来报复你。这种做法即浪费了他们的才华，也使雇主的公司蒙受了损失。一个人如果总是得不到信任、不被看重的话，会渐渐失去自信，一身本领也慢慢消磨干净。这是每个明智的领导都不愿看到的结果。

很多雇主常抱怨自己雇不到好的员工，即使四处探访，发布招聘广告，也找不到令自己满意的员工。其实，问题都出在雇主自己身上。他们往往骄傲自大、目中无人、脾气暴躁，严酷苛刻地对待自己的员工，制定各种不合情理的规章制度，严格控制他们的工作时间，总想着让员工多干活，不肯给他们休息的时间和适当的补贴。总之，他们不能仁慈地对待自己的员工，因而导致了员工的才华不能被他们充分利用。

在他们手下，即使是才华过人、精力充沛的员工，也会在一天内被毫无原因地训斥多次。他们挑剔到吹毛求疵的程度，在他们手下工作没有快乐可言。员工们稍有不慎就会遭到严惩，他们甚至不给员工任何辩解的机会。这种公司的员工是不会有前途的，他们被当做挣钱机器一样对待。所以，没有多少人愿意替这种雇主干活，因而他们也不可能找到合适的员工。

不在精神上对员工施以鼓励及安慰，只知道用钱打发人的老板，是不可能赢得员工全部的才能、忠诚及力量的。因为没有人愿意替一个不仁爱的老板卖力。雇主们都渴望拥有做事敏捷、追求完美的员工。但是，要想让员工替自己卖力干活，必须先付出自己的诚意。

聪明的老板与不聪明的老板间差距悬殊。我经过多年的观察发现，聪明的老板清楚员工的才能并能将其充分利用。而不聪明的老板就只能通过以身作则的方法来影响员工。不过这个方法也是可行的，因为人都具有应激性，会对周围的刺激作出反应。例如，周围人的成功会刺激我们也去奋力获取成功。因此，作为一名老板，只要你善待员工，他们也会尽力回报你。要想让你的员工全心全意地为你工作，就必须用心去对待他们，反之亦然。

同一个员工所创造的成绩会因为老板的不同而不同。雇主能从雇员处得到多少回报，取决于雇主为雇员付出了多少。想不劳而获的人注定会失败。生活中常常有这样的事情发生，原本平淡无奇的员工，却在从甲商行换到乙商行后立刻大放异彩，升职加薪，取得不错的成绩。这种变化不是因为他们的技能突然增多了，仅仅是因为老板换了。这些人在甲商行得不到施展才华的机会，他们不仅不被看好，被老板训斥或者无故扣工资也都是常事。他们可能真的脾气差、爱顶撞领导，但满腹才华也是不争的事实。而乙商行的老板恰好有识人之能，对其关怀备至，给予其发展的机会，那么他们自然而然就会产生上进心，以负责任的态度发挥全部潜力来取得成功。所以，老板才是真正能挖掘出员工自身潜力的人。老板对待员工的态度会直接影响员工的工作效率。对待员工不仁慈的老板会蒙受巨大的损失。

当我们积极主动、力求完美、创造性地去工作时，所取得的结果与消极被动、机械地去工作有着天壤之别。充分利用员工的才能，是老板们取得成功的关键。老板太苛刻、太冷酷无情的话，只会使老板和员工间形成一种恶性关系，使得员工纯粹机械地去完成工作。而对待员工大度、和善的老板会赢得员工的爱戴，他的公司也能得以发展。

鼓励员工，给他们以信心，这是老板们聪明的做法。明智之人除了与自己的员工保持雇主与雇员的关系外，还会以合作伙伴、同事、朋友的身份与员工相处。他们绝不会把员工当做机器来使用，而是作为朋友来对待。员工们会无怨无悔地为这样的老板付出，不计报酬地自愿加班，尽全力在工作上协助老板。这种公司上下团结一心的状况是无往而不利的。这种和睦的关系不仅有利于公司和他们自己，而且还能避免很多劳资纠纷，促进社会的稳定。

而有些员工却无法从雇主那获得一点好处。雇主对待员工苛刻、恶毒，荒谬地认为员工拿了钱就该一切都听自己的。对于这样的老板，员工不会提出任何有利公司的意见，并且老板也不会重视他们的意见。员工们会只关心报酬的多少，而完全不为公司考虑，对待工作敷衍了事。如此下去，公司得不到任何发展，老板也不可能取得成功。员工们会变得如同没有思想的机器人，机械、呆板，没有一丝热情与活力。

我认识一个年薪高达一万美金的年轻人，20岁上下就成为了监工。他常吹捧自己能使一个人干两个人的活，但他其实才能并不突出，之所以能做到这一点，完全是凭借强迫工人日夜不休的劳作换来的。工人们只要一停下就会遭到责骂，并以被扣工资相威胁。他很遭人讨厌，最后因为虐待工人的罪名被判入狱。还有一位美国东部都市的老板，他对待员工也十分严苛无情，并且最终也毫无成就。

领导无疑会对自己的员工起到榜样示范作用。如果你是一个优柔寡断、缺乏条理与耐心的领导，那么你的员工也必定都是懒散之人。如果你总做些卑鄙龌龊之事，那么你的员工也会以同样的方式来对待你。很多年轻人正是受到品行恶劣的老板的影响才会变得卑鄙龌龊的。在没有仁慈之心的雇主手下工作是不可能取得成功的。很多劳资纠纷都是因为雇主与雇员间缺乏了解与信任造成的，不仅使双方都从中受累，也影响了社会的稳定。解决这一问题，需要双方共同去调整劳资关系，维持权利与义务间的平衡。这就要求双方各让一步，雇主做到宽厚仁慈地对待自己的雇员，而雇员则尽忠职守地对待自己的雇主。

　　惨无人道地对待自己的员工，于情于理都说不过去。虐待员工的做法只会引来他们的反抗，从而降低了工作效率，使公司业绩下滑，蒙受损失。这种做法对自己没有一点好处，完全是在自找苦吃。

　　成功不是单凭个人力量就能取得的，许多商人都是借助员工的力量取得成功的。员工的忠诚与热情是无价的，有了这些，他们才可以毫无顾虑、浑洒自如地向成功迈进。雇主应一视同仁地关心、体恤自己所有的员工，不能把他们当做需要时就拿来使用，不需要就置之不理的机器。

　　雇员的利益是雇主取得利益的基础，而雇主的利益又是雇员取得利益的保障。二者息息相关，一损俱损、一荣俱荣。好的雇员能给雇主带来丰厚的回报，而好的雇主会为雇员提供更高的薪酬和更广阔的发展前景。

　　待遇优厚的雇员会尽职尽责地做好自己的工作。他们会尽一切努力回报雇主的关心，尽可能地替雇主节约成本、创造利益。他们会学习雇主的优秀才能及高效率，尽力完善自己的工作成果。他们会追随雇主前进的步伐，努力使自己成为品质优良、学识渊博、专心工作、尽忠职守的人。

>>> 别让不切实际的攀比伤害了你自己

不切实际的攀比是非常恶劣的行为，可能会招致恶果。纽约有一个中产阶层的女人时刻都想要爬进上流社会。为了实现这个理想，她让她的女儿去上流社会人士经常出没的地方。其实，她的家庭收入也还算可观，过上舒坦的生活一点儿也不困难。可是，她和她的女儿都不满于此。她们都把进入上流社会当做奋斗的目标。为此，她们花了很多钱来买各种漂亮的衣服。而那些衣服，根本就不是她们那个阶层的人有机会穿的。后来，那位女士打算让女儿嫁给一位有钱的丈夫，从而跨进上流社会的门槛。可是，在美好的愿望实现之前，她们就花光了家里的钱，同时还欠下了一大笔贷款，后来她们竟然沦落到无处安身的地步。

很多家庭条件一般的母亲，总是想让自己的女儿嫁入豪门富户。可是，她们这样做不但对她们的女儿没有好处，还有可能会害了自己的女儿。因为那些女儿们一旦养成奢侈、自私、妒忌的坏习惯，就会把物质当做衡量一切的标准，同时不满自己的家庭，从而不肯回家，以致这些母亲们将很难和女儿见上一面。

很多人本来可以过上幸福甜蜜的生活，但是妒忌和虚荣却害了他们。有多少家庭因为盲目地攀比而受到惩罚啊！有些时候，那些坐在剧场包厢里的人，虽然看着特别令人羡慕，但是他们却不像人们想象的那样开心。

懂得享受生活的女人，就算家庭很穷，根本没钱买漂亮的衣服，也能够每天都非常快乐。而另外一些女人，每天穿着漂亮的衣服，吃着山珍海味，却终日无精打采。

现在，仍然有很多爱慕虚荣的女人，为了面子去购买价格不菲的衣服，尽管她已经吃了上顿没有下顿了。有多少人为了追求不切实际的东西而损失惨重呢？这实在是一个难以计算的问题。

如果我们把时间和精力用在正确的地方，而不是用于显摆自己的财富，那么我们将会更有收获。

无论对谁来说，都很难让人们放弃攀比、炫耀的生活，过一种简单实在、不在乎别人怎么看的生活。因为，几乎每个人都非常在意别人对自己的看法，就算是那些最富足的人也不能免俗。

　　很多人过于在乎别人的看法，为了让别人满意，竟然做出很多本不该做的事情，从而导致自己大把的时间被白白浪费。在我看来，这种人是会遭到报应的。在他们的内心深处，埋藏着爱显摆财富的欲望，所以他们会对自己的家庭产生不满，因为他们的家庭无法满足他们的这种欲望。可是，他们又没有别的办法。他们把过奢靡的生活当成一种必然，认为如果无法过上那种生活就是一种耻辱。并且，他们还想不付出任何努力就过上那种生活。一个人，一旦养成了挥霍的恶习，就基本上无法取得成功了，因为成功的必要因素之一就是节俭这个美德。

　　如果我们对富人进行一项详细的调查，就能够得出这样的结论：富人们的生活都非常简朴，工作特别努力。那些没有钱却仍然要与富人攀比的人很难变成富人，因为他们不懂得富人是靠节俭积累起财富的道理。

　　其实，我们最基本的生活需求很容易就能够得到满足。但是如果把别人的看法当成行动的准则，那么我们就会陷入到盲目地追求奢华的境地。而这样的追求，只会浪费我们的时间和生命。

　　根本就没有必要过于在乎别人的看法。如果总是这样做的话，那么生活就会变得非常艰难。那些过得非常快乐的人，都是随性、率真、纯朴的人。

有一些人，为了让别人对他产生好感，就在表面上做文章，显摆自己有多么富有，可是他可能下顿饭还没着落。还有一些人，生活过得很不如意，但是为了让别人瞧得起他，竟然花去一个月的薪水去请人别人吃饭。

那些总是把别人的看法看得高过一切的人，对他们自己的人生极不负责任，因为他们从来也没有对自己的人生进行过认真思考。为了把别人眼里的"美"展现出来，他们会把完好无损但是样式已经过时的衣服全部扔掉。他们是根据别人的眼光来穿衣服，而不是根据自己的需要。每次我看到这样的人时，我都会觉得他们既可悲又可笑。

如果这个世界上存在着很多戴着虚伪面具，为了别人的看法，而不顾自己的能力去做事的人，那将是一件多么可怕的事情啊！他们很可能会做出令人难以想象的事情。

有一位非常有名的作家曾经说过这样一番话："现在的有钱人，过着极端腐朽奢侈的生活，很多爱面子的人就会盲目地模仿他们，从而造成社会悲剧不断地上演。他们就像那些不自量力的印度富商那样。那些人看到英国国王所过的奢华生活，就盲目地和他攀比起来。说实在的，他们怎么能够和英王相比呢？盲目攀比会让他们失去辛辛苦苦挣来的财富，还有可能把他们逼上犯罪的道路。"

前一段时间，我在剧院看戏时遇到这样一件事情：一位并不富有的商人说："前面的位置多好啊，距离舞台近，可以看得真切。如果有机会能够坐到那里，无论如何我都不会再坐到后面去了。"之后，他又说，他的收入并不多，买一辆汽车都非常困难，可是，尽管那会让他的生活变得非常艰苦，但他还是买了一辆。其实没有人逼他非买不可，只是看着周围的人都开上了汽车，他觉得面子上挂不住，因此才下狠心买了一辆。为了买这辆汽车，他不但花光了自己的积蓄，还向亲友借了一大笔钱。

每个人的能力不同，挣到的钱也不一样。可是，在纽约和其他大城市，面子却成为很多人活着的目标。他们非常努力地工作，可是他们对自己的处境并不满意。这完全是因为他们的嫉妒心在作祟。生活在城市里的人们，嫉妒心是最为强烈的。

很多人都会把"别人拥有某种东西，而自己却没有"当成一件非常没面子的事情。如果别人买了一件漂亮的衣服，我就也要买一件，就算半个月不吃饭也要买；看到别人都买了汽车，我也要买，虽然我还有贷款没有还清，但是我也要非买不可。之所以会出现这种情况，就要归结于嫉妒心理。还有很多女孩子，她们生长在封闭的环境之中，因此她们会认为，如果自己的衣服比不上别人的漂亮，自己就会被人瞧不起。

很多并不富裕的人，都把富人当做学习的榜样，无论做什么事情都要模仿富人。其实，这样做只会让他们更加贫穷。一个年轻的小伙子对我说，他每周只能赚到20美元，可是他请一位姑娘吃宵夜、看戏剧就要花去其中的15美元。他这样做，很大程度上是因为虚荣心——姑娘们的男朋友都这样做，他也要这样做。

很多人把时间浪费在了盲目攀比上面，从而失去了享受快乐的机会。工作占据了他们每天的全部时间，他们根本就没有时间考虑做事的意义。他们一直都在忙着模仿别人，根本就没有时间做其他事情。

我曾经遇到过一位母亲，她一直处于痛苦之中。尽管她的生活贫穷，但是她却非常知足。可是，她为什么还要悲伤呢？她把女儿的面子看得比一切事情都重要，所以她无法忍受贫穷给女儿造成的伤害。她认为，女儿过这种贫穷的生活，简直是奇耻大辱。正是因为这个原因，她每天每时每刻都非常痛苦，因为她的女儿根本就无法和有钱人家的女孩相比。她说，她的女儿非常漂亮，可是因为家里穷，她无法像有钱人家的孩子那样穿上奢华的衣服，只能穿很便宜的衣服。那个母亲还说，她会因为没钱给女儿买价钱不菲和首饰和昂贵的衣服而痛不欲生。她觉得她的女儿本来应该住在豪宅里，过着养尊处优的生活，可是现在却只能靠工作养活自己。原来女儿对自己的生活还算满意，可是长期受到母亲的影响，她对这个家庭和自己所过的生活产生了不满的看法，最后，女儿像母亲一样，对自己所过的贫穷生活抱怨不断。此后，这个女孩开始与富人所过的生活进行攀比。此外，这位母亲还要求女儿以后一定要嫁给一个有钱人，因为那样她就能够摆脱贫穷，过上富裕的生活。母亲还告诫女儿，要与有钱的男人交往，如果一个人没有钱，那么就算他的品质再怎么高尚，他再怎么爱她也不行。那位母亲千方百计地想为女儿找一个富有的丈夫。我甚至怀疑，她会让女儿嫁给一个品德不端的富人。就这样，那位小姐过得越来越不如意，她已经不像同龄人那样快乐了，总是抱怨自己的处境。她总是觉得自己不够高贵，一会儿觉得自己衣服难看，一会儿又觉得自己的帽子丢人。

就算别人开着豪华的汽车，又有什么可羡慕的呢？我们照样可以享受到廉价汽车给我们带来的快乐；就算邻居家又买了一套气派的家具又怎么样呢？我们不是照样能够享受到自己家庭的温馨和快乐吗？有些人开着豪华的邮轮周游世界又怎么样？与我们有什么关系吗？我们不是照样能够感受到在小溪中划船的乐趣吗？如果能够做到不去盲目地和别人进行攀比，泰然自若地享受自己的快乐，幸福就会永远陪在我们的身边。

获得财富需要付出代价，没有人能够凭空获得财富。塞缪尔·斯迈尔斯曾说："很多人看到别人有钱之后，就会产生出一种羡慕甚至嫉妒的心理，但是他们并不知道，那些有钱的人为获得这样的财富，付出了怎样的代价。"一位公爵向我讲过这样一件事：有一个多年未曾谋面的好友突然到他家里来看他。那个朋友看到他气派的房子、豪华的家具之后，显得非常吃惊，眼神中流露出一股羡慕之情。公爵看出了老朋友的想法，就对他说："我这些东西，你同样也可以拥有。""真的吗？我要怎样做才能拥有这一切？""站在原地不动，让100米之内的人拿着枪向你开火100次。"公爵继续说道，"我非常清楚，你是无论如何也不会那样去做的。可是，我就那样做了，而且已经做了无数次，要不然我又怎么能够拥有这一切呢？"

有一位女孩被带到了纽约法庭上接受审问。法官问她说：

"是什么原因让你走上了犯罪的道路？"那个女孩回答说："我没有更高的要求，只是希望能够像其他的女孩子那样穿上漂亮的衣服。"

有钱的人可以靠着他们的钱来过奢侈的生活，但是他们不知道，那些贫穷的人会学习他们的生活方式，从而陷入困境之中。有一个纽约的女人，非常得意地说，她每年至少都会花费20万美元来买衣服和鞋子。她的每一件衣服都价值不菲，有一部分衣服每件都超过1000美元。她的鞋子也都非常贵，平均每双大约500美元。她认为她那种奢侈的行为为很多人提供了工作岗位。可是，她并不知道，有很多家境贫寒的女孩子，把她当成了学习的榜样，并因此而堕落甚至犯罪。谁都不应该把善良的人们引入歧途。不论哪一个有钱的女人，都应该对自己的行为负责，不应该让自己成为穷人家的女孩子学习的"榜样"。否则，她就会成为那些女孩效仿的对象，最终害了她们。

其实，财富并不是衡量幸福的唯一标准，幸福更多的时候是一种心态。如果一个人拥有平和的心态，能够乐观地看待问题，那么幸福就会降临到他的头上。如果让嫉妒占据了他的心灵，那么他根本就无法得到幸福。盲目攀比、爱慕虚荣的人，又怎么能够幸福呢?

不顾实际地追求富足的生活，将永远也没有尽头。如果不能够控制住自己自私的欲望，那么它就会给人带来痛苦。如果一个人的人生态度出现了错误，那么他将会痛苦不堪。因此，聪明的人只把幸福和快乐作为追求的目标，不会让嫉妒和不切实际的欲望主宰自己的生活。

如果一个人能够清除自私、嫉妒的思想，那么他必定会生活得非常幸福。

第六章

不屈服不悲观，生活因乐观而美好

乐观的人是幸福的。乐观的人不但能为自己带来快乐，也会影响身边的人。古语有云："心中的伤痛要用最管用的快乐丹药来治疗，身体的伤痛也是一样。"不快乐会让一个人变得消极沉沦，身心受伤，所以赶紧清空自己头脑中那些不快乐的因子吧，让快乐的人和快乐的事进入自己的头脑。

　　不向困难屈服，忘掉痛苦，是所有成功人士必备的能力。所以，若是想成功，就要让自己保持乐观的心态，忘掉所有痛苦的往事。总是乐观，能让人以高昂的斗志与满腔热忱迎接自己的工作与生活，人生也必然会因此而美好。

>>> 不要因烦恼而忽略了人生的美好

　　人类在精神方面的进步，远没有物质方面的进步那样迅速。机器运转的效率提升总是远远快于民主、教育等精神文明的建设。在刚刚过去的几百年间，人类取得了大量的物质发明成果，可是在科学思维的进步过程中却屡遭挫败，损失惨重。

　　有人提出了这样的观点：在未来世界中，一名优秀的医生仅仅具备高超的医术是不够的，他还需要有足够的心理学知识储备。因为他的工作将分为两部分：治疗人们的身体伤患只是其中一部分，他还需要对人们的心理健康进行指导。健康的生活方式要有正确的思想作引导，人们的身体健康与否，总是与心灵健康直接挂钩，这一点永远都不会改变。

　　忧愁就像魔鬼一样，时时困扰着那些心态不够稳定的人。当你被这个魔鬼找上门时，便需要暂时停止手头的工作，认真思量一下自己的失误，为自己将来的行动制订完善的计划。人们有必要时常扪心自问："为什么我要浪费掉一生之中最好的年华，终日庸庸碌碌，一事无成？为什么我要放任自己的时间白白浪费掉？为什么我不能把握自己的命运，而要甘心做命运的奴隶？"善于思考的人，会在心里为自己规划崭新的人生，这类人能享受到旁人难以体会的幸福与满足。

童年时代是许多人共同怀念的阶段，原因就是在这个阶段，尚没有许多欲望在幼小的心灵之中扎根生长。当人们长大成人，便很难再感受到满足与快乐。这个时候，工作和生活的压力铺天盖地砸在人们身上，各种各样的疑问都难以再找到答案。生命中真正属于自己的时间少得可怜，因为其中四分之三的时间都被别人占据了。可以说，成年后的大多数人往往对自己的命运无法掌控，难以自主。无数人终日忧心忡忡，害怕会有意外发生，害怕死亡会骤然降临。这种人的生活永远被巨大的阴影笼罩，工作上毫无建树不说，还未老先衰。

很多人都因为压力过大而烦恼重重。他们为了暂时逃避压力，不惜借助烟酒等进行自我麻痹，严重损害了自己的身心健康。其实，让人类痛苦的往往不是工作本身，而是自己的烦恼。因为害怕并厌倦自己的工作，所以产生了烦恼。对任何人而言，烦恼都是有害无益的。它不能给人们任何帮助，不能改善人们的现状，只能给人们的身心健康带来无谓的损伤。人类因烦恼造成的损失是不可估量的。很多人在面对自己的烦恼时束手无策。烦恼来自失望和痛苦，反过来，它又会制造更多的失望和痛苦。

成功永远不会眷顾那些终日愁眉苦脸的人。因为他们无时无刻不在为那些几乎不可能发生的事件忧心，对自己的未来完全没有信心。这类人的一生都是残缺不全的，外人根本无法了解他们。

人们的潜能会被烦恼压制。如果一个人在处理烦恼的过程中花费了太多的精力，那么他还剩下多少精力发挥自己的才能？过多的烦恼只会浪费人们的精力，使其再无余力追求成功。除了浪费人们的精力和体力之外，烦恼还会把其他所有的东西都毁灭殆尽。若是一家商店的所有店员都习惯每天从店里顺手牵羊，这种举动必会给商店也给店员自身带来很大的损失。商店所遭受的是物质损失，而店员们所遭受的则是精神损失。每次顺手牵羊，店员们都会感到良心上的不安。理智告诉他们应当洁身自好，但钱财的诱惑又让他们无法抗拒，这种矛盾使他们深陷烦恼之中。

烦恼会严重影响人们的工作和生活。处在烦恼中的人们，根本无法集中精力做好自己的工作。烦恼就好像在人们的血液里注入了毒素，不断侵蚀着人们的身体和灵魂。

一个被烦恼与忧愁控制的人，很难有所成就，而且很少有人会喜欢跟这样的人待在一起。在现实生活中，这类人往往会沦落成为孤家寡人。

人们天生愿意去接近那些生活得幸福快乐的人。没有人愿意与那些终日愁眉不展的人在一起，让自己也身陷烦恼之中。人们要学会做自己情绪的主人，而非让情绪控制自己，阻碍自己走向成功。人们应当时时刻刻保持积极乐观的心态，不管周围的环境多么恶劣，都不要让自己陷入失望堕落的深渊。

烦恼会使人的心理和外表都过早地衰老。在现实生活中，许多人的容颜未老先衰，不是因为生活条件太差，常年要从事艰苦的劳动，而纯粹是因为烦恼的缘故。他们的生活被无尽的烦恼困扰，完全丧失了原本应有的快乐与轻松。这样的人，即使物质条件再好，也无法阻止自己快速衰老的步伐。我曾见过一些人，只是被烦恼纠缠了几周，便已生出丝丝白发，可见烦恼对容颜的摧毁有多么残酷。

为了青春常驻，一些女性常常会去光顾美容院。事实上，青春常驻的灵丹妙药就藏在她们自己身上。远离烦恼、保持愉悦，就是战胜衰老最好的药方。可惜大多数人都不了解这一点，反而在为衰老烦恼的过程中，加快了自己衰老的步伐。

要想消除烦恼，保持心情愉悦很重要。别再对自己已经犯下的错误耿耿于怀，要将更多的注意力转移到生活中好的方面。当然，要保持愉悦的心情和健康的体魄也非常重要。一个常年卧病在床的人，很难有愉悦的心情，自然会经常感到烦恼。强健的体魄能让人每天都精神焕发，胃口大开，这样的人很少能感受到烦恼。

当你的情绪极端失落，马上就有被烦恼攻城略地的危险时，自信和勇气将会给你战胜烦恼的强大力量。人们在受过这种专业训练之后，能够在几分钟的时间内轻而易举地摆脱忧愁的困扰。可惜，这一点大部分人都无法做到。他们完全无力对抗消沉悲观的情绪，并以积极乐观取而代之，只能困守在忧愁的城堡之中，做着无谓的挣扎与反抗。

已经陷入烦恼之中的人们也不用担心，只要你肯努力，完全可以摆脱烦恼的控制。让希望充满你的内心，将消沉、失落、彷徨从你心中驱逐出去，烦恼也将随之消失。

那些身体有伤病的人，若能一直坚信自己必将恢复健康，那么不管他们的身体多么差劲，都不会让自己的心理蒙上不健康的阴影。这种积极向上的心态会对他们的病情恢复大有帮助。要摆脱烦恼与忧愁，时刻保持乐观向上的心态非常重要。

　　竭尽所能改善周围的环境，是一个令人们脱离苦闷忧愁的好方法。人们应当保持乐观积极的心态，不管周围的环境怎样变幻，这种心态都不能有丝毫动摇。如此一来，周围的人也会被这种积极乐观深深感染。当情绪陷入沮丧中时，要想摆脱这种沮丧，过多地怀念过去是不行的，将注意力更多地倾注于对美好未来的憧憬上，才是正确的方法。

>>> 我们需要的恰恰是活力和激情

只有那些精力旺盛的人，才更能享受丰富多彩的生活。一本书如果内容不好，缺少真实性和原创性，那么就算它的外表包装得再精美，恐怕也无法得到读者的认可。同样道理，无论是一首歌、一首诗，还是一幅画，只有它充满活力，令人们感受到快乐时，人们才会喜欢它。

为什么很多人耗时费力地创作出作品，却无法得到人们的认可？最主要的问题是，它没有思想内容，单调乏味。读者读这样的作品时，很难获得精神上的愉悦。一个缺少生活经验、不热爱生活的作者，又怎么能够写出鲜活的人物？一个非常疲劳的艺术家，又怎么能够创作出独具特色、与众不同的作品？这样的人，连最基本的生活都无法保证，又怎么能够创作出让人满意的东西呢？

有一些才华横溢的艺术家，也曾经创作出非常不错的作品。可是随着时间的推移，他们的作品越来越不受人们欢迎。

之所以会这样，是因为他们不再像过去那样热烈地追求自己的理想，不要像过去那样严格地要求自己，因此便无法热情洋溢地创作。

人们无法永葆青春，但却可以保持自己心灵的年轻。可是，在生活中，很多人还很年轻，却已经衰老了。是什么原因造成了这种现象呢？很多人都认为，人到45~50岁的时候就已经老了。其实，这是一种非常错误的认识。它会让人们的心灵趋于老化，心灵老化之后，身体就会随之老化得更快。有人曾经说过："你越害怕的东西，它就越会到来。"人越是怕老，越是想办法延缓自己衰老，有时反而老得越快。

人的身体会受到思想很大的影响。因此即便是老年人，也应对自己充满信心，把自己当成年轻人看待，不要总想着自己老了，已经做不了任何事情了；否则，便会老得更快。

爱默生说："年龄对一个人有着很大的影响，但是绝对不会起决定性的作用。岁月不会把我们变老，我们之所以会变老，是源于我们的生活方式。"

保持自己的心灵始终年轻吧！把自己当成一个年轻人，不要觉得自己已经老了。有一个60多岁的父亲，当孩子们邀请他一起做游戏的时候，他不但没有和孩子们一起们，还非常生气地说："我都这么大岁数了，怎么能像你们那样折腾呢？"他的妻子，也就是孩子们的母亲与孩子们一起做游戏。她玩得非常开心，像一个小孩子那样，不停地蹦啊跳啊。这个时候，她一下子变得年轻起来。在年龄方面，她与她的丈夫相差无几，可是她有一颗年轻的人，因此才会显得比丈夫年轻很多。

已经年逾80岁的奥里福·霍尔姆斯仍然非常健康，精神也很矍铄。有人问他，用什么方法保持年轻。他的回答非常简单："保持一个积极乐观的心态是最重要的法宝。要懂得欣赏自己，要学会知足……忧虑、抱怨、暴躁等情绪会让你迅速地变老，因此要学会控制自己的情绪。让微笑一直挂在你的脸上，你就会永远年轻。"

人要学会知足，知足才能常乐，常乐才能让人永远年轻。知足并不是用消极的态度来面对这个世界，也不是不思进取，不求上进，而是让自己远离忧虑、焦躁、虚荣。因为它们会把一个人很快变老。有人说，那些虚荣且自私的人都是野心家，他们只顾着追名逐利，所以更容易老去。那些工作时拼命努力，休息时让自己充分放松的人，才能够一直年轻下去。就算到了知天命的年龄，也不要以为自己老了，不中用了，其实你的身体并没有老，只是你的心在你的身体老化之前先老了。工作时要拼命，休息时要让自己彻底放松。生活就是这样，只有工作的人，才能够永远年轻。有一位著名的女演员曾经这样说过："我热爱艺术，热爱我从事的工作，因此我才能够永远年轻。当我努力工作时，我感觉自己精力充沛，心情特别舒畅。"

有些人遭受痛苦之后，便无法从痛苦之中恢复过来，整天沉浸在痛苦之中。这样的人很快就会变老。人们在没有意识到健康的重要性的时候，就容易生病；在没有意识到青春的宝贵的时候，就会慢慢老去。疾病可能是由无知引起的，但是一个乐观、豁达的人，是不会轻易生病的。只要心灵不老，就算老人也能像年轻人那样充满活力。乐观可以延长人的寿命，当困难与挫折到来的时候，要学会用乐观的心态去面对。"笑一笑，十年少"，因此要让自己的脸上始终挂着笑容。

一个有爱心的人，才能够做出浪漫的事情。让爱占据整个心灵的人，会爱自己、爱别人，他们自己的生活也会变得丰富多彩。那些没有爱心和同情心的人，就会为了一己私利而蝇营狗苟，人也会表现出与年龄不符的衰老。岁月在时刻不停地流逝着，心中充满了希望的人，生活将会过得多姿多彩。懂得生活的人看上去才会显得年轻，而过着单调乏味生活的人，则很快就会老去。

有一位智者十分长寿，大家都很想知道他长寿的秘密。那位长寿的智者说："我长寿的秘密就是，每天都把新东西装进自己的头脑之中。"这个观点与古希腊人的观点极为相似。古希腊人认为："不断地学习新知识是保持长寿的诀窍。多接受新思想的洗礼，多与人沟通，多一些同情心和爱心，人才能够活得更加充实，更加快乐。"

永葆青春的诀窍在于爱心、希望和乐观。富有爱心的人，生活会过得丰富多彩。追求快乐是每个人的权利，一个人要想永远年轻、幸福，就需要有健康的身体、高尚的品格和宽广的胸襟。

>>> 以乐观的心态去看待每一件事

爱蒂思·沃伊特在普兹茅斯女子学院读书期间是个朝气蓬勃的女孩，同学们在学习或生活上遇到困难时都会向她倾诉，寻求安慰及鼓励。而爱蒂思小姐也从没辜负过大家的信任，她的快乐感染着身边所有的人，照亮他们心底每一个角落，她那如火的热情能将所有人心中的火焰点燃。

乐观积极、热情洋溢的人能够坚强地面对工作或生活中遇到的一切难题，因为他们拥有宽广的胸怀。这些人在面对困难时反而更加兴奋，他们自身的才能将得到充分发挥，并且这一过程还能开发出他们内在的潜力，这也是一种收获。所以有人曾把饱满的精神状态比做免费的保健医生，它使我们的身心都更加健康、舒适。

生存是我们不得不考虑的首要问题，而乐观开朗的心态会使我们的生存能力显著增强。良好的精神状态有利于我们的学习及工作，所以我们应学会从生活中寻找乐趣，保持这种精神状态。虽然名校毕业是一种优秀能力的体现，但生活中还有一种更难能可贵的能力，即对五味杂陈的生活始终保持乐观的心态。良好的心态是修补心灵创伤的灵药，能使我们的生活更有质量，所以我们应保持愉悦的心情、昂扬的斗志，使自己拥有良好的心态。

乐观积极的心态可以帮助我们战胜对困难及挫折的恐惧，使我们得以更快乐地生活。面对挫折与困难，不满、抱怨及消极、失望都毫无用处，我们必须学会以积极乐观的心态去面对。而这种心态的养成是一个日积月累、慢慢发展的过程。

年轻人的生活是不会缺少乐趣的，他们善于享受生活，对他们来说，生活本身就是一种乐趣。我们都不愿看到孩子的脸上充满忧伤、痛苦之色。一切都有规律可循，他们不会无缘无故变成这副样子，必然有外界因素的影响。而年轻人理该生活在欢声笑语之中，对其强加抑制的行为简直等同于犯罪。

泰勒神父向他的朋友巴特洛博士道别时说："尽情地笑吧，别让离愁别绪遮盖了我们的笑颜，我希望再见面时你仍然是笑容灿烂的模样。"那些整天愁眉不展的人已经忘了该如何笑，也忘了笑容的力量，并且还声称这是做大事的人所共有的悲天悯人的特性。他们的生活态度严肃认真，生活对于他们来说毫无乐趣可言，一点不快就能将他们击垮。他们也许真的体会到了生活的艰辛，但这种体会却只是让他们更加消沉。

那些心情愉快的人拥有良好的精神状态。他们健康长寿，生活幸福美满，他们往往都是成功人士，并且给予社会最多的回馈。他们会以讲笑话的方式来逗大家开心，把快乐带给大家。这虽是一件微不足道的小事，但它的作用不容小觑。这些人是拥有大智慧的人，他们懂得以积极乐观、豁达开朗的心态来面对生活，过着五彩缤纷的日子。其实我们每个人都过着相似的生活，之所以会有人感觉自己的生活枯燥无趣、苦不堪言，只是因为他们对待生活的态度消极、埋怨。如果我们能换一种积极热情的心态来对待生活，那么我们的生活将变得充满乐趣。这就像给机器上了润滑油一样，一切的不愉快都能轻松转过，连和爱人的争吵都变成温馨的记忆。

"我命令自己以乐观的心态去看待每一件事，例如在窗前挂上彩灯，屋子里就会映出彩虹一般的美景。"莉迪亚·玛丽亚如是说道。乐观、平和的生活态度是我们的宝贵财富，这种心态使得我们眼中的生活永远是快乐而又多姿多彩的，我们因此而拥有健康的体魄、幸福的生活、完美的工作。

其实，每一项工作都有其有趣之处。所以，别总是对工作心怀不满，不妨换上一种乐观的心态去看待它，你会体会到其中蕴藏的乐趣。而这种乐观的心态是需要我们逐步去培养的，没有人生下来即如此。只要你拥有热情的生活态度及健康的体魄，那么即使你没有受过高等教育，也一样可以过上幸福的生活。快乐和财富一样，是可以持续积累的。我们应乐观、勇敢地面对艰苦的生活及糟糕的境遇，要相信阳光总在风雨后，任何阴霾都会过去。如果面对困难只会一味地怨天尤人，什么努力都不去尝试的话，永远等不到雨过天晴的那一天。生活中总会有许多的不如意，比如压力大、枯燥乏味、心情郁闷等，这些我们都得学会忍受。所以，让自己过得快乐一点吧，试着微笑面对工作和生活，你的烦恼会少很多。如果你总是不开心，终日一副沮丧、呆板的样子的话，人们会因为讨厌看见你的倒霉样而远远地避开你。现代生活带给人巨大的压力，令人时常处于焦虑不安的状态，我们的确需要以放声大笑的方式来发泄。笑容是可以为我们排除烦恼的宝贵财富，就像一首诗中所写的：笑一笑，我们将获得平和的心境；生活是一面镜子，我们对它微笑，它就对我们微笑；我们对它皱眉，它就对我们皱眉。那些不懂幽默的无趣之人，只会令身边的人感到难受。

　　有一位心态相当乐观的70岁的老人，当别人说他已经到了日薄西山的年纪时，他断然否决，回答说自己的身体和心态都像正午的太阳一样。

一次，有几位朋友聚在一起聊关于生死的话题。"我希望自己的生活每天都充满欢声笑语，直到我离开人世。"一位叫萨克的人说。而一位报社编辑在解释自己为何不聘请超过50岁的人时说："这样的人对自己的年龄太过在意，他们整日拼命地工作，生活毫无乐趣可言，即使再有能力又如何？"

心态对商人来说非常重要。看看那些总是一脸严肃的商人，他们受到利益驱使，时刻都在计算着得失。他们即使在餐桌上也是一副沉思的表情，一刻不停地思考着自己的生意，谋划着个人利益。但只有那些心态乐观的成功人士才能及时抓住机遇，而心态悲观的人在面对机会时总是瞻前顾后，以致丢掉了原本应该属于自己的生意。不同心态的人，就连看到同样一杯喝了一半的酒都会有不同的反应。乐观之人会说："太棒了，还有半杯。"而悲观之人会说："惨了，只剩半杯了。"其实任何事都是喜忧参半的，只不过充满希望的人看到的是好的一面，而满怀失望的人只看到坏的那一面。正因如此，乐观之人过着阳光灿烂的生活，而悲观之人的生活却总是乌云密布。

　　快乐的成长过程往往会对一个人的人生产生深远的影响，这样的人一般都拥有乐观的生活态度。也许有些人会很反感孩子的吵闹，更无法接受他们肆意地嬉戏玩耍，这些人极少微笑，更不会开怀大笑。但是他们有没有想过，抑制孩子玩闹的天性，会使他们不再拥有纯真的心灵和开朗的笑声，这是很悲哀的。

　　德国曾一度禁止人们开玩笑，只因为国王觉得战争是一件残酷的事情，应该严肃对待，而玩笑是有失庄重的。这样的律法，如果放在今天，必定会遭到人们的嘲笑。想想没有了欢声笑语的世界会是什么样的？街上的行人全都神情严肃或者愁眉苦脸，孩童失去了天真烂漫的笑容，脏兮兮的脸蛋上挂满泪滴。他们不敢追寻快乐，因为一旦露出愉快的笑容，他们就会受到处罚。这样的世界是上帝所不允许的。

　　约翰逊博士劝告我们重视笑的力量，有意识地让自己多笑一笑。多看一些杂耍节目和喜剧，对那些天生不爱笑的人是很有帮助的。这类节目可以使我们得到放松，生活的烦恼会在笑声中被抛至九霄云外。

　　大家都喜欢那些乐观积极、充满活力的人，他们阳光灿烂的笑容是忙碌的生活和拥挤的人潮中最亮丽的一道风景。与温柔、爱笑的人一起生活，日子将变得五彩缤纷。他们是无价的珍宝，能抚平我们的创伤，使我们重新变得精神焕发。在面对挫折时，我们总希望能从他们身上得到安慰与鼓励，使我们重新燃起希望之火，坚定勇敢地走下去。

只要我们对生活充满希望，努力付出，那么贫穷与困难都将会过去，成功之门将向我们敞开。心地善良、笑容真诚的人更容易取得成功。在日常工作中，我们应该从正面去看待所接触的人，多看看他的优点，这会使双方合作得更愉快。性情友善、笑容明朗的人注定会成功，因为他们无论走到哪儿都是最受欢迎的。

我们的生活不能没有笑容，就如同一切生命都不能没有阳光一样。我们最珍贵的东西就是饱满的精神状态。心地善良之人能为他人带来欢乐，他们自己也将获得幸福。充满活力的人能带动他周围的人，并且这种影响随着他们的富有程度而增大，就这好比播种，洒下的种子越多，收获就越大。

良好的心态有助于我们保持身心健康，创建幸福和谐的生活，所以，我们应该从小开始培养孩子安宁祥和的心境。并不是只有富可敌国的人才能过上幸福的生活，普通人也一样可以过得很幸福。只要我们换一种心境来看待我们的生活，平淡的日子也一样可以过得如美酒般甘醇。不同的生活状态都是由我们自己决定的，有些人会以豁达宽容的心态来看待生活，而有些人却总是眼光挑剔。我们应该尽量做到宽容，即便是面对自己最不能容忍的缺点，面对自己最不喜欢的人，也应该尝试包容。海纳百川，有容乃大。做到这一点以后，我们便可以在任何人身上找到可取之处，不管这个人有多么的差劲。

很多人具备把暗淡无光的生活转变成多姿多彩生活的能力，这种能力使得他们心情愉快、精力充沛，并能最轻松地克服遇到的一切困难。他能令身边的所有人产生如沐春光的感觉，将这种明媚的阳光带给他的每一位家人。他们极具感染力的笑容能够拨开人们心中的迷雾，驱散沮丧和忧郁之情，这正是人性中最美好的一面。而那些总是沉浸在烦恼中的人，就仿佛是借了高利贷的人，他们的烦恼会持续不断地累积增加，直至将他们死死缠住，再也难以摆脱。这种人不是想法固执就是根本没有任何想法，他们往往会对人嘲笑挖苦、诽谤诬陷，使人如避蛇蝎般对他们敬而远之。同这种人相处会令人感到局促不安。

我们的表情并不是只与自己有关，因为它在显露我们的内心活动的同时，也直接影响着周围人的感受。对于一位领导来说，能始终微笑着面对工作及生活，这种能力是一笔极大的财富。他们即使遇到很令人生气的事也能保持愉快、平和的笑容，而绝不会露出满脸怒意。他们的能力其实并不比别人强很多，但却能够取得成功，这让很多人感到疑惑。他们的成功，源自他们真诚的微笑以及对他人的尊重，这使得人们都对他们信任有加，乐于与他们合作。只要你试着微笑面对生活，生活也会微笑着面对你。你将成为一个举止优雅、心情愉快的人，并赢得他人的友谊及事业的成功，你的生活也将焕发出全新的光彩。

有一位充满活力的女士，她的热情能感染身边的每一个人。她会对每一个帮助她或服务于她的人报以甜甜的微笑，因为她深知微笑的力量。人们都喜欢和她在一起，因为她令人感觉愉快。人生的道路总是崎岖而布满荆棘，但是这些挫折、困难、失败、迷茫都是可以越过的，只要我们能带着自信的笑容去看待它们。微笑的表情可以带给人春风般温暖惬意的感觉。我们应该真诚地对待每一个人，而不是只对那些拥有财富或者地位的人如此。即使是报童、电梯操作工、汽车修理工这些平凡的人们，当你向他们微笑示意时，也能获得愉快的心情。

"世界是一面巨大的镜子。"曾有人这样说道。有一位备受宠爱的小姑娘，她觉得生活真是太幸福了，不明白为什么会有那么多人终日一副闷闷不乐的样子。她之所以能得到大家的喜爱，是因为她有一颗充满爱的心灵。她对周围的一切都充满爱心，花朵、小鸟甚至一草一木她都喜欢，并幸福地对它们耳语："生活多美好呀！"

但并不是每个人都有上述那位小姑娘这样的生活态度。上帝教导我们不要对生活抱有偏见，不要总把事情往最坏的方面去想，而应该保持真诚、纯洁的生活态度。做到这一点的话，一切事物都会主动向我们示好。我们从普通人的平常生活中，也能体会到幸福美满、欢喜愉悦的感觉，关键是要有一颗平常心，懂得知足常乐。

那些充满活力的人总是最受欢迎的，人们如同向日葵追逐阳光一般聚拢在他们周围。他们的热情以及笑容能鼓舞身边人的士气，使他们重新找回信心与力量，拥有前进的勇气。至于那些整天闷闷不乐、提心吊胆的人，他们只会令周围的人感觉寒冷，所以自然也就遭到他人的冷淡对待。

总之，能够拥有灿烂的笑容以及愉快的心情，这是一种真正的幸福与快乐。

人们所生活的环境在他们自己创造世界的同时也在悄然

发生着变化。那些心态消极悲观的人，他们眼中的世界是充满灾难、阴暗并且毫无希望的。他们认为社会正在一步步倒退，世界迟早会毁灭。他们仿佛生活在常年不见阳光的黑暗地牢之中，黑暗牢牢地笼罩着他们的生活，无论他们如何不满、抱怨也走不出这个牢笼。那些心态乐观的人总能从积极的一面去看待生活，坚信黑暗终究会过去，光明即将到来。他们对待所有人都一视同仁、充满善意。内心阴暗、举止丑陋的人是没有前途可言的，他们终将自取灭亡。光明与希望只能寄托在那些积极乐观的人身上，他们才是人世中真善美的化身。他们代表着一个社会文明发展的程度，他们是促进社会进步的中坚力量。消极忧郁之人令自己的生活充满各种难题，使得自己疲于应付。积极乐观之人则懂得微笑着去面对生活中的一切问题。一张阴郁拉长的脸是人们所不愿看到的，因为会令人烦闷不安。而安宁祥和的笑容却能带给人内心的平静，缓解他们生活的压力，使他们找到一种安全感。

"别戴着有色眼镜去看待生活。"这句话说得对极了。我们生活在一个神奇的世界，在这里，每个普通事物都蕴藏着神奇的力量，包含着真理与科学。这种神奇的力量虽然藏而不露，但它的能量却可以超越狂风暴雨，所以我们不能轻视它。

　　品德高尚、心态乐观的人终将获得成功，因为他们能够理智地看待问题，并始终保持冷静。其实世界的形态取决于我们看待它的态度。心态乐观平和的人眼中的世界是美好的，他自己也会感觉到幸福；而消极忧郁的人眼中的世界是彷徨无助的，他自己也只感觉到无边的孤独。的确如此，如果你身边的一切事物都那么美好，每个人都亲切友善，你能不觉得自己很幸福吗？如果你身边的一切事物你都看不顺眼、心存怨恨，每个人你都感觉是在故为为难你的话，那你的生活是绝不会有快乐可言的。这种人的生活中只剩下失落与忧郁，在他们看来，这是一个人情淡薄、世态炎凉的黑暗社会。世界好似一个回音谷，它对我们的态度取决于我们对它的态度，它会将我们或感激或怨恨的态度再如数返还给我们。

>>> 所谓的乐观主义者是怎样的人

儿子询问当农民的父亲，所谓的乐观主义者是指什么样的人。父亲思考了一下，答道："孩子，爸爸读书少，也不清楚专家是怎样解释这个词汇的，只能根据自己的理解来告诉你。孩子，你对亨利叔叔还有印象吧？在我看来，他就是一个乐观主义者。无论现实多么沮丧，工作多么艰难，他都不会丧失生活的勇气，并对未来充满希望。"

父亲稍作停顿，又接着说道："让我来举个例子吧。我觉得，冒着酷暑收割稻子实在是这世上最痛苦的工作了。但你的亨利叔叔却完全不这么认为，他还劝慰我说：'吉姆，别气馁，这并不是什么难事！你已经割完了两行，要完成任务的一半，只需再割18行就行了！'无论是谁，很难不受到他那种昂扬向上的精神状态影响。我的沮丧随即也一扫而空，觉得这份工作并没有想象中的那么糟糕。

"在繁重的农活中，收割稻子还算是比较轻松的，比它更艰难的活计多得数不过来。就拿捡石头来说吧，农场里的石头多得跟星星一样数不清，捡起来真是费劲呐！可是这件事又不得不做，要不然在满是石头的地里种什么作物能成活呢？我们在耕田之前必须捡一次石头，但一般都捡不干净，所以耕田的时候还要再捡一次。每回做完这些工作，手都会被磨破出血。

"不过，孩子，你知道亨利叔叔是怎么形容这项工作的吗？在他看来，捡石头真是太有趣了，尽管没有人会同意他这个想法。记得有一次，我们辛辛苦苦忙活多日，终于把稻子收割完了。本来我还以为终于可以休息一下了，哪曾想马上就被父亲命令去田里捡石头。啊呀，我一听这话都快哭出来了。我还想出去钓鱼呢，这下全都泡汤了！可是，你的亨利叔叔居然高兴地嚷起来：'太好啦！吉姆，又能去捡大金子啦！'

"你明白金子指的是啥吧？"父亲说，"我们想象这里就是一个大金矿，捡石头就像淘金一样，是一个多么有意思的游戏啊！站在田里，就跟已经到了加利福尼亚的大金矿一样，捡一块石头就是淘到一块大金子，再没有比这更有趣更容易做的工作了！结果，那一天我们捡石头的效率果然非常高。傍晚工作结束时，亨利说：'大功告成！不过，这些大金子就不用留了，我们以后还会有很多的！'我第一次发现捡石头原来不是一件非常无趣的事。我们齐心协力捡完了全部的石头，那种满足感简直无法用言语来表达！"

说到这里，父亲呼出一口气，总结道："孩子，我一开始就说过，我并不知道专家们是怎样理解乐观主义者的。对于这个词汇，我所有的理解都来自你的亨利叔叔，我这一生再也没有遇见过比他更乐观的人。孩子，如果你也想成为他那样的人，就要记住，不管面对任何困难，都要学会发掘并重视它好的一面。"

杰·库可是一个成功的银行家，他在51岁时，财产总额已高达几百万美元，令人艳羡。可惜天有不测风云，52岁这年，他变得一无所有，并欠下大笔债务。然而，这并没有击垮库可，他重整旗鼓，再次赚得大笔财富，还清了所有债务。朋友问他是如何战胜困难的，他回答说："最大的功臣是我的父母，在他们身上我学会了永远保持乐观，绝不容许自己深陷沮丧之中不能自拔。无论多糟糕的事情都有好的那一面，只要用心，就能发掘出来，所以我们要保持乐观豁达的心态。我坚信，只要努力，便有希望。此外，不管在什么情况下，都不能放弃工作，一定要坚持到底，不断努力，这样才有成功的可能。"

拿破仑自厄尔巴岛逃回巴黎的消息传来时，作为惠灵顿公爵的副官，得雷上尉赶紧去向医生咨询："我还有多长时间的寿命？"医生说："你所患的结核病已经到了晚期，最多还有几个月的寿命。"得雷上尉说道："既然如此，我就将这几个月的时间都用来征战沙场吧！"他奋不顾身地再次上了战场，滑铁卢战役过后，他的病情恶化，只好将肺部分切除。之后，他竟奇迹般地将仅余的几个月寿命延长至几年。

查尔斯·达纳先生非常乐观，尽管他已经辞世多年，但是人们仍然还记得他。达纳先生辞世之前，虽然已经重病缠身，但是每天仍然坚持工作，并时刻保持良好的精神状态。同事们见状，忍不住劝慰他说："虽然我非常敬佩您对工作的执著与热爱，可是，达纳先生，身体对您而言才是第一位的呀！这项工作就算让一般人来做都会很辛苦，更别说是现在的您了！这种时候，您要好好保重才是啊！"

谁知达纳先生竟满不在乎地说："您是在怀疑我的能力吗？那您真是太不了解我了，对我而言，工作才是第一位的。只有一直保持工作状态，才能让我感受到自己的存在，我的生命才是有意义的。"

有一次，达纳先生见到一位精神萎靡的老人，忍不住问对方："您怎么能够容忍自己维持这样的生活状态呢？您最近还有没有读书或跟人交际的兴致，是否连出来散步都懒得做了，过去的兴趣也全都被抛诸脑后了？"老人答道："一点儿也不错，我现在只觉得生活了无生趣。"

"那您不妨跟我学习一下，"达纳先生说道，"像我这样一个时日无多的人，也从没产生过自暴自弃的念头。我每天都会按时上班，工作成绩一点儿不输给其他同事。空余时间我会漫步、阅读、跟朋友交流，做各种各样自己感兴趣的事情。在我看来，活一天就应该这样认认真真地过一天，让自己身心愉悦，充满成就感！"

一位年轻人这样开导自己怏怏不乐的朋友："不管什么事，总有其光明的一面，没必要总是这样愁眉不展！"朋友并不为他的话所动，无精打采地辩驳道："我没有找到光明的一面，只看到了一片黑暗。"达纳先生回答："那你就努力把黑暗的那面打磨成一面镜子，从镜面上就能看到亮光了！"

萨威奇博士曾讲过这样一个故事。博士说，波士顿街上有一个盲人，做着一些小本生意艰难地维持生计。博士非常同情他的遭遇，以为一个生活如此困苦的人必然会对社会充满怨怼，想不到结果却出人意料。这位盲人非常乐观豁达，在提及自己的妻子时，更是满脸洋溢着幸福的微笑。他说自己生活得很好，做小本生意赚到的钱，足以让全家人吃饱穿暖，在这种情况下，还有什么不满足的呢？

要求一个身处困境中的人保持积极乐观，的确很强人所难，然而真正的强者通常都会在这时表现出超人的能力。当所有人都对自己的选择持反对意见，嘲笑自己的愚笨时，只有强者才能够坚持己见，继续为自己认定的目标努力奋斗，最终渡过眼前的难关，赢得事业的成功。

赛博是一名黑人，有一次他被人问及自己的年纪。赛博脸上洋溢着乐观豁达的微笑，答道："按照生理来说，我现在是25岁。按照阅历而言，我的年纪已经超过了100岁。"

银行家约翰·路波克在英国金融行业赫赫有名，他说："在这个世界上，光明永存。只要努力，就有希望。在追求光明的道路上，乐观是必不可少的。只有永远保持乐观的心态，才能发掘出生活的所有闪光点，令自己以及身边的人都得到快乐。"

斯科路奇成年之后，仍然保持着一颗童心。圣诞节这天，他兴奋地告诉身边的所有人："啊，我觉得自己好像已经化身为会飞的天使，这种感觉真是太奇妙了！我心甜如蜜，快活得就像个孩子！希望每个朋友都可以像我这样快活，希望所有人都能得到幸福！"

近来，鞋匠大卫·库伯的生意欠佳。于是，他便坐在自己的铺子里抱怨起来："这间铺子暗无天日，从没见过半点阳光，我真是恨死这地方了！"

"大卫，你怎么会这样想呢？"一个像从天边飘来的声音忽然传入鞋匠耳中，"让我来告诉你，如何让你的铺子阳光普照。你要学会摆脱烦恼，保持快乐，抛却心中的一切杂念，满怀希望，勤奋工作，和善待人，知足常乐。如果你做到这些，便会为你的铺子，以及你全部的生活洒满阳光。快乐将一直伴随你，直至一生。"

这番话令鞋匠豁然开朗，他不再坐着抱怨，而是立即起身行动。铺子很快便被打扫得干干净净，长年累月积攒的污垢被扫除得精光。如被施了魔法一样，阳光随即便倾洒进来，整间店铺充满光明。不仅是铺子，连鞋匠本人也是面目一新，时时刻刻不忘绽放灿烂的笑容。

作为一个极有个性的男人，比利·布莱一直坚持自我，快乐生活。有人因此心生不满，要挟道："你再这样张扬，当心被扔到桶里关起来！"比利·布莱满不在乎，说道："就算待在桶里，我也一样可以感谢上帝，让我的人生充满美好和希望。"

罗杰斯是这样评价霍兰德勋爵的："他似乎时时刻刻都在准备迎接意外之喜，笑容与他如影随形，每天从早到晚，他没有一刻不在微笑。"

乐观的人是幸福的。打开心灵之窗，阳光普照之下，不但能为自己带来快乐，也会影响身边的人。古语有云："心中的伤痛要用最管用的快乐丹药来治疗，身体的伤痛也是一样。"不快乐的情绪会吞噬掉我们的灵魂，所以赶紧抛掉这些不快吧，让快乐的情绪住进我们的心灵深处！

忘记痛苦是所有成功人士必备的能力。要让自己保持乐观的心态，就必须忘掉所有痛苦的往事。笑能给人勇气与鼓舞，因此要努力让自己时时欢笑，抛下满身尘土，勇往直前，向成功迈进。要想重拾快乐，去欣赏一场精彩的表演，或者与孩子们尽情玩耍一番，都是不错的选择。此外，时常去乡下漫步，呼吸一下新鲜空气，体味当地淳朴的民风，对于摆脱忧愁，重拾快乐，也会发挥良好的作用。

要想认识一个人的精神世界，进而得知他到底有着怎样的发展前景，只要注意观察他的日常行为表现就可以了。例如，他在什么样的环境中长大，现在又处于怎样的环境之中；面对人生，他是持积极乐观的态度，还是深陷悲观消沉的情绪难以自拔。这些都会在他的日常言行中有所表现。一个极度消极，对未来完全缺乏信心的人，会在日常工作生活中将这种消沉的情绪表露无遗。这也预示着他必将失败的前景。永远都在忧心失败的人，失败对于他们而言便成为一种必然的结果。如果成功从来不曾在一个人心中生根发芽，那他最后又怎么可能收获成功的果实？反之，一个积极乐观的人，则会以高昂的斗志与满腔热忱迎接自己的工作与生活，其发展前景必将一片光明。